辽宁科技大学优秀学术著作出版基金资助

基于孪生支持向量机的转炉炼钢终点控制技术

高闯 宋蕾 翟宝鹏 沈明钢 著

U0352419

北 京
冶金工业出版社
2023

内 容 简 介

本书针对大型带副枪转炉存在终点碳含量和温度控制问题，运用孪生支持向量机在建立预测和控制模型具备的独特优势，结合智能优化算法，建立整个冶炼过程的数学模型，其中包括转炉冶炼过程的静态预测和控制模型，以及动态预测和控制模型，进而实现钢水终点碳含量和温度的终点控制，其模型精度可以满足现场的实际需求。对"一键式"炼钢和自动出钢等智能炼钢问题的深入研究具有一定的借鉴意义。

本书可供钢铁冶金、冶金自动化等工程领域的研究人员、高等院校相关专业师生使用。

图书在版编目(CIP)数据

基于孪生支持向量机的转炉炼钢终点控制技术／高闯等著 .—北京：冶金工业出版社，2023.4
ISBN 978-7-5024-9387-5

Ⅰ.①基…　Ⅱ.①高…　Ⅲ.①转炉炼钢—向量计算机—终点控制—研究　Ⅳ.①TF713

中国国家版本馆 CIP 数据核字(2023)第 022648 号

基于孪生支持向量机的转炉炼钢终点控制技术

出版发行	冶金工业出版社		电　　话	(010)64027926
地　　址	北京市东城区嵩祝院北巷 39 号		邮　　编	100009
网　　址	www.mip1953.com		电子信箱	service@ mip1953.com

责任编辑　王　双　美术编辑　燕展疆　版式设计　郑小利
责任校对　梅雨晴　李　娜　责任印制　窦　唯
北京建宏印刷有限公司印刷
2023 年 4 月第 1 版，2023 年 4 月第 1 次印刷
710mm×1000mm　1/16；9.5 印张；212 千字；141 页
定价 66.00 元

投稿电话　(010)64027932　投稿信箱　tougao@cnmip.com.cn
营销中心电话　(010)64044283
冶金工业出版社天猫旗舰店　yjgycbs.tmall.com
(本书如有印装质量问题，本社营销中心负责退换)

前　　言

转炉炼钢作为炼钢生产中的主要方式，在钢铁工业中占有重要地位。随着计算机模拟技术的不断发展，转炉炼钢自动化的水平也在不断提高。建立适合我国国情的转炉炼钢终点控制模型，对提高我国转炉炼钢生产自动化水平具有重要意义。基于智能算法的转炉炼钢模型研究是转炉自动化炼钢的热点问题，很多学者采用神经网络、模糊逻辑系统和支持向量机等方法，对钢水终点碳含量和温度的预测和控制问题进行了深入的研究，并取得了较好的预测精度和终点命中率。但是由于上述传统方法存在求解过程容易陷入局部最小、小样本训练能力差和计算效率低等问题，因此有必要对算法进行改进，以提高算法的性能，进而提高转炉炼钢的终点命中率。孪生支持向量回归机很好地解决了神经网络建模中存在的问题，在许多领域得到了广泛的应用。目前，该方法在转炉炼钢模型的应用中仍属于空白，所以，本书以基于副枪的 260t 转炉为研究对象，提出了基于孪生支持向量机的转炉炼钢终点控制新思路，主要介绍了转炉炼钢的静态预测模型、静态控制模型、动态预测模型以及动态控制模型，主要内容和研究成果如下：

（1）目前，大多数智能转炉静态预测模型普遍采用神经网络进行建模，由于神经网络易陷入局部最小值，因此在实际应用中，建模效率较低。本书提出了一种新的转炉炼钢静态预测模型建模方法，采用孪生支持向量机算法，解决了神经网络预测模型在建模过程中存在的易陷入局部最小值和运算效率低等问题，可提高转炉模型的建模和更新效率，更适合实际现场的使用。为了进一步提升转炉模型的性能，提出了基于小波权重孪生支持向量机的转炉预测模型，提高了钢水终点碳含量和温度的预测精度。

（2）运用所提出的静态预测模型，设计了一种基于小波权重孪生支持向量机的转炉炼钢静态控制模型，从原材料的分量和总量两个角度分别提出了转炉炼钢静态控制策略，通过模型计算出吹氧量和原材料加入量，实现了对钢水终点碳含量和温度的控制效果。有助于提高钢水的一次拉碳率，对大型带副枪转炉的实际生产具有一定的参考价值。该模型可用于转炉炼钢冶炼初期的过程控制，也可为后续建立基于副枪技术的转炉炼钢动态控制模型提供良好的前提条件。

（3）针对转炉吹炼后期的冶炼过程，搭建了一种基于 K 最近邻权重孪生支持向量机的转炉炼钢动态组合预测模型，与普遍采用的神经网络动态预测模型相比，该模型不仅能避免神经网络预测模型存在的问题，同时也考虑了炉衬变薄和氧枪老化等非定量因素对转炉终点信息的影响，更符合实际的冶炼过程，并且碳含量和温度动态预测模型的精度优于其他三种孪生支持向量机模型，因此，所提出的建模方法为智能炼钢研究领域提供了一个新思路。

（4）构建了一种基于无约束小波权重孪生支持向量机的转炉终点动态控制模型，该模型的输入变量比静态控制模型少，有利于提高转炉的终点命中率。与现有的转炉动态控制模型相比，该模型不仅取得了较高的控制精度，而且具有较少的运算量，实时性优于传统模型，可指导转炉吹炼后期的实际生产，也可为实现转炉炼钢的在线自动控制奠定良好的基础。

本书是在沈明钢教授和刘晓平教授的悉心指导下完成的，沈明钢教授和刘晓平教授严谨的治学态度和科学的工作方法给予了作者极大的影响和帮助。沈明钢教授和刘晓平教授不仅悉心指导完成了科学研究工作，而且在学习上和生活上也给予了很大的关心和帮助，在此向沈明钢老师和刘晓平老师表示衷心的谢意。

本书涉及的研究内容得到了辽宁省科技厅博士科研启动基金计划项目（项目号：2021-BS-244）和辽宁省教育厅重点攻关项目（项目

号：2020LNZD05）的共同资助，本书的出版获得了辽宁科技大学优秀学术著作出版基金资助，在此表示衷心的感谢。

　　在作者工作期间，还得到宋蕾、翟宝鹏、王立东、赵楠楠、李志刚、王焕清、徐少川、储茂祥、张新贺、陈明、王玉峰、邓鑫、樊松、门英辉、张春蕾、曾文和刘昕的热情帮助，在此向他们表达衷心的感谢。

　　由于作者水平有限，书中不足之处，恳请读者批评指正。

作　者

2022 年 10 月

目　　录

1　绪　　论

1.1　本书写作背景和意义

2019 年全年粗钢产量近 10 亿吨，达到 9963 万吨（世界钢协），约占全球粗钢产量的 50%。而随着国内钢铁行业粗钢产量的不断增涨，对粗钢生产的工业化和信息化提出更高要求。目前国内粗钢冶炼均采用转炉炼钢和电炉炼钢两种方式，其中受国内废钢价格和电力供应等影响因素，我国电炉炼钢产量长期停滞不前。2016 年全国电炉炼钢产量仅占粗钢总产量的 7.3%，其余均采用转炉炼钢方式。据相关部门统计，国内大、中型钢铁企业所拥有的转炉数量已经超过了 400 台，其中大多数转炉的产量介于 80~260t，产量低于 30t 和高于 260t 的转炉均占很小的比例。目前，随着国家宏观调控政策的逐步实施，钢铁产业产能过剩现象有所好转，钢铁冶金行业正逐步回暖。然而，由于国内铁矿石产量下降、国际钢铁原料价格上扬和国际货运价格的上调等诸多因素，国内钢铁生产的成本持续升高，与此同时钢铁价格又在大幅下降，导致国内钢铁企业利润不断缩减。面临这样的困境，国内钢铁企业应在升级现有生产设备的同时，不断引进先进炼钢技术和开发新型转炉设备，以便提高生产效率和增加企业利润。

钢铁产业工业化和信息化融合程度的不断提高，引发了钢铁工业自动化程度的迅猛发展。目前钢铁工业信息自动化已经发展到 5 个层次，即 1 级基础自动化层、2 级过程控制层、3 级制造执行系统层、4 级企业资源规划系统层和 5 级企业间管理和决策支持系统层。其中，2 级过程控制层是决策和生产中的关键环节，根据上级的生产要求指导下级进行生产操作，它被广泛应用于冶金、化工和控制等领域。在炼钢生产过程中，所收集数据主要用于建立转炉炼钢过程控制模型，以便实现在保证产品质量前提下最大限度降低生产成本。转炉炼钢过程控制模型主要是根据铁水综合状态信息确定主辅原料加入量、氧枪初始高度、复吹供气方式和供气时间，实现转炉生产过程的自动化控制。转炉 2 级模型在整个吹炼过程中起着至关重要的作用：在吹炼前中期，用于调整氧枪高度、确定分批加入时间、复吹强度及何时停止吹炼；在吹炼后期，采用动态过程控制确定吹炼终点。此外，还需要借助此模型选择和计算出钢期间添加的合金种类和数量。因此，2 级模型的深入研究对于提高炼钢水平具有重要意义，其精确与否直接影响炼钢质量。目前，国内大多数钢铁企业的 2 级过程控制系统是引进国外的技术，但由于国内外原材料质量和冶金过程的差异，势必需要对所引进 2 级控制系统进行修正后才能够适应国内的生产条件，以保证出钢质量。因此，在分析转炉炼钢过程中实际采集数据，建立符合国内钢铁企业自身实际情况的 2 级过程控制模型，是提高我国转炉出钢品质的必经之路。

1.2　氧气转炉炼钢法的发展

将铁矿石原料加工成最终可以盈利的产品，需要经过炼铁、炼钢、精炼工序、连铸和轧钢工艺得到最后的成品。其中炼钢工艺是在高温下用氧化剂将生铁里过多的碳和其他杂质除去，将生铁变为钢的过程。现代炼钢法有转炉炼钢法和电弧炉炼钢法。转炉炼钢法可分为氧气转炉炼钢法和复合吹炼转炉炼钢法。

19 世纪 50 年代，英国人 Bessemer 提出了氧气转炉炼钢法，该方法是炼钢技术的重要进步。在酸性条件下，通过向炉底部鼓吹空气，将铁水氧化并除去杂质，以达到炼钢的目的，这种液态钢生产方法在当时得到大规模推广。随后在 1879 年，英国人 Thomas 提出了碱性底吹空气转炉方法，其中炉内衬选择碱性耐火材料，解决了冶炼高磷生铁的问题，因而很快被西欧的一些国家采用。该方法凭借生产成本低、设备简易、生产效率佳的优势很快在全欧洲市场得到推广，一跃成为当时主要的炼钢方法。但在大规模炼钢过程中，产生了大量废钢，针对这个问题，急需寻找合理的回收处理措施，因为空气底吹转炉炼钢的氮含量较高，不能承受强烈的冷加工，因此，转炉炼钢法逐渐被平炉炼钢法替代。

第二次世界大战之后，空气提氧技术取得迅猛发展，生产出的大量工业纯氧为纯氧炼钢的实现提供了可能。1939 年 Durel 通过转炉口端喷射氧气，吹炼后取得非常不错的效果。在经过大量实践检验及技术进步之后，氧气顶吹技术逐渐成形。

1952 年，奥地利人 Linz 创办了氧气顶吹转炉车间，并正式投入运营。1953 年奥地利人 Donawiz 又建成两座 30t 氧气顶吹转炉，因此，氧气顶吹转炉又称 LD 转炉。采用碱性炉衬的转炉称为碱性氧气转炉（basic oxygen furnace，BOF），BOF 法反应速度快，生产效率高，并且可以将 20%～30% 的废钢用于生产，还有便于自动化控制的优点。因而成为冶金史上发展最迅速的新技术。

唐钢是我国第一个开始使用碱性空气侧吹转炉炼钢技术的钢厂，1952 年正式投入生产运营。随后，唐钢实验室开始尝试小型氧气顶吹转炉炼钢技术，在取得成功后，建立起 5t 的氧气顶吹转炉，并进行工业生产。工业生产取得初效后，钢厂建立了容量为 30t 的氧气顶吹转炉，并且于 1964 年正式投入生产运营。紧接着，在上海宝钢、唐钢等厂区逐渐开始建立了各种容量的氧气顶吹转炉。上海一钢厂在 1966 年的时候改造了原来的空气侧吹转炉，建设了 3 座 30t 容量的氧气顶吹转炉,并在同年8月正式投入生产。

首钢和上钢通过不断实验研制出多种容量的转炉,丰富了我国现有的转炉炼钢技术。20世纪80年代宝钢从日本引进建成三座容量为300t的大型转炉。首钢通过购买二手设备,组建容量为210t的转炉车间;在进入90年代后,上海宝钢建起250t的转炉车间;辽宁鞍钢及本钢也对现有的炉体进行改造,设计了容量为120t、150t、180t的转炉。上述种种举措表明,我国转炉炼钢技术已经进入大型化进程。到2016年,我国最大转炉的公称吨位为300t,转炉钢占年总钢产量的92.7%。

1980年,我国开始进行转炉复吹技术研究,1983年实际投入工业生产。结合以往顶吹技术应用情况,在很长一段时间致力于研究复吹技术,推动了我国复吹技术的发展。以往的复吹技术,转炉底部仅使用氮气气源,随后逐渐研发应用多种气源,如氮气、二氧化碳、氩气、氧气等。另外,围绕转炉热补偿、寿命较长的底部元件的研发,以及优质镁碳砖的应用等均展开大量研究,且取得了良好的成效。在实际中,底部供气元件结构、性能均得到良好改善,极大地延长了这些元件的使用寿命。

钢厂致力于在复吹工艺的基础上融合铁水预处理、钢水炉外精炼等技术,逐渐建立起现代化的处理工艺,改善了转炉钢的质量,研发出纯度更高不同种类的钢。利用顶底复吹转炉炼钢法(STB)复吹工艺可以制备得到铬不锈钢及超低碳Ni-Cr不锈钢,改善了钢产品的结构。检测结果显示,很多品种钢的质量优秀,符合国际标准。

与此同时我国还重点投入了高压复吹技术的尝试,并结合目前现有转炉技术和已有资源,展开大量研究。比如,不断尝试研发可以开发新气源、大量气体的供气元件,研制底部供气元件;寻找合适的转炉复吹工艺热补偿技术,不断健全和完善计算机检测系统,为铁矿和锰矿还原奠定良好基础;研发废钢比和钢纯净度较高的冶炼技术。在现有转炉复吹比基础上不断改进,力争工艺更上一层楼,进而赶超国际先进水平。

今后,转炉炼钢的发展方向是减少污染,降低消耗,逐步将小型转炉改造成100t以上的大、中型转炉,淘汰小于30t的小型转炉,发展200t以上大型转炉;为改善技术经济指标,加强石灰、废钢等原材料管理,做到精料化、标准化;为提高生产效率有必要提高炼钢供氧强度,增加炉外精炼钢种比例,探索钢种生产流程,保证稳定生产;提高炼钢生产自动化水平,特别是终点动态控制自动化,实现生产调度智能化。此外,还做到减少废气、烟尘等污染物的排放,最终做到"零排放",增加炉气回收比例。还要减少吨钢资源消耗,尤其是吨钢金属材料消耗和水资源消耗,实现可持续发展。

1.3　转炉炼钢终点控制技术的发展

20 世纪 50 年代末，美国琼斯劳夫林钢铁公司在研究过程中建立了一个转炉装料的静态模型，在模型分析基础上对炼钢过程中的铁水和废钢的用量进行了分析，同时还给出了终点钢水温度的计算公式。60 年代初，一些学者通过热力学实验对炼钢期间产生的热量进行分析，所得结果有一定的参考价值。其后计算机控制技术在转炉炼钢中开始广泛应用[1]。到 70 年代中期，转炉炼钢开始广泛采用静态模型，且取得了很好的效果。随着计算机和检测技术的发展，研发出转炉供氧量的测量技术，例如副枪技术，因此出现了静态和动态模型相结合的全过程控制。

此后，我国的一些学者对转炉炼钢的终点控制技术的发展历程进行了总结归纳，王茂华等人[2]回顾了转炉终点控制技术的研发历程，评述了副枪测定法、成分测算法和气相定碳法以及常规拉碳、增碳操作等终点控制方法。杨阳[3]根据目前转炉炼钢控制技术，对不同的技术及未来发展趋势进行分析总结，提出缩短炼钢时间和提高产品质量的主要途径，提升企业经济效益。冯士超等人[4]研究了转炉终点控制技术在国内外的应用情况，分析了每种控制方法的优缺点，为钢铁企业提高转炉终点控制水平提供借鉴，最后指出，开发造价低廉、预测准确且性能稳定的终点在线检测系统是转炉炼钢控制领域研究的重点。彭勰[5]描述了转炉炼钢终点控制技术的发展现状，并介绍了几种转炉炼钢终点的控制技术，比如人工经验控制技术、动态控制技术、静态控制技术、自动控制技术等，并针对不同的技术指出其实施效用以及它们在未来的发展趋势。刘超[6]概述了转炉炼钢终点控制技术的发展以及人工经验控制、静态控制、动态控制以及自动控制等不同类型的终点控制方法，并对各个类型终点控制技术的特点进行了对比。李光辉等人[7]介绍了转炉自动化控制的发展状况以及国内目前常用的转炉冶炼控制方法，从自动化控制角度分类讨论了转炉冶炼过程中枪位、氧气流量和投料控制的特点，并结合转炉炼钢过程工艺控制的特点，对工艺控制的优化途径进行了论述。对转炉自动化控制的发展趋势进行了简要分析和展望。许刚等人[8]概述了转炉炼钢终点控制技术的发展，介绍了人工经验控制、静态控制、动态控制及自动控制的方法，指出采用神经网络、模糊推理、专家系统等多种控制技术的智能型炼钢终点控制技术，是大中型转炉炼钢终点控制技术的发展方向，确认采用智能型炼钢终点控制技术，可在线准确地预测、检测和控制转炉炼钢终点时的钢水成分和温度，有效缩短冶炼时间，减少消耗，降低成本，提高产品质量。邢曼华等人[9]简要介绍了氧气转炉炼钢过程静态终点控制技术与动态终点控制技术的基本类型及各种类型的基本原理与建模方法，并对不同类型终点控制技术的特点进行了对比。全红[10]介绍了国内外转炉炼钢中用于过程动态控制的副枪和炉气分析系统技术，并对国内大、中型转炉终点采用动态控制技术提出了建议。潘秀兰等人[11]回顾了转炉炼钢三次技术进步的历程，叙述了转炉炼钢工艺技术的开发、分类及主要冶金特点，介绍了世界复吹转炉工艺技术的应用情况，提出相关钢厂应研发少渣炼钢工艺、复吹转炉高效吹炼技术和吹炼终点动态控制的三项建议。刘浏[12]总结了近几年国内铁水脱硫预处理、转炉复合吹炼与炉外精炼等主要炼钢生产工艺技术的进步。分析讨论了目前国内炼钢生产中存在的主要技术问题。进一步提出国内炼钢生产应研究开发少渣冶炼工艺、复吹转炉高效吹炼技术和吹炼终点动态控制技术等项重大共性技术。

从以上研究结果可以看出，随着转炉炼钢终点控制技术的不断发展，总体上可划分为经验控制、静动态控制、动态控制和自动控制等几个阶段。在经验控制过程中，需要依据初始冶炼条件且对转炉火焰和声音相关的信息进行观察分析，据此来确定是否达到终点；静态控制过程则根据初始的冶炼条件，然后基于物料平衡和热平衡计算以确定钢水的终点；动态控制则基于静态模型进行钢水成分和温度相关参数的分析和调整，且以此实现终点控制；自动控制则结合计算机技术，对吹炼期间的动态信息进行连续的监测和自动调整，使钢水达到终点。尽管自动控制是转炉炼钢终点控制的未来发展趋势，但考虑到不同钢厂的规模和投资成本，其他控制技术也不失为一种很好的选择。

1.3.1 经验控制

对于经验控制，通常采用的方法是拉碳补吹法，即利用操作人员的经验，判断吹炼后期的碳含量是否达到终点，然后对冶炼过程进行相应的控制。在中碳钢和高碳钢的冶炼过程中，目标碳含量高，这样在炼钢接近终点时很难进行准确的判断，为了有效地解决这一问题，可选择"高拉碳+补吹调整"法，即根据具体的吹炼过程，按照略高于所炼钢种的碳含量的上限来确定终点，并在采样和检测后，进行一定的补吹和温度调整。该方法具有以下优点：终点钢水含氧低，锰含量高，终渣 FeO 含量低，脱氧剂消耗低等。因而在中碳钢和高碳钢生产中有着广泛的应用，不过这种方法也有一定的缺陷，也就是终点的命中率低，一般不超过 70%。

另外有一种人工经验控制法称作一吹到底增碳法，通过这种方法进行吹炼时，不需要进行倒炉，不抬枪，将钢水的终点碳含量控制在下限，温度控制在上限。通常情况下，在温度调整后出钢，在出钢过程中将碳含量调节到理想的范围。这种方法有效地节省了倒炉和取样时间，运行平稳，熔渣良好且脱硫磷率高，其终点命中率可达到 85%以上，因而可较好地满足低碳钢的相关生产和控制要求，具有较高的应用价值。

1.3.2 静态控制

静态控制是在转炉炼钢的静态预测模型基础上进行的控制方法，依据钢种的终点需求以及原料条件，在物料平衡和热平衡基础上，进行分析计算而得到铁水、废钢、冷却剂等的参数具体用量，然后根据所得的结果进行加料和吹炼处理，以达到钢水终点控制的目的[13]。

为更好地实现静态控制，首先需要建立精确的静态预测模型，也就是根据喷吹的初始条件进行定量计算，这样可有效地避免人工经验控制方法的随机性，不过这种方法也有一定的局限性，也就是无法依据冶炼条件修正吹炼过程，从而会影响终点命中率的提高。

常用的静态控制模型包括机理模型、统计模型、增量模型和智能模型，在具体的应用过程中可根据需要进行选择。机理模型主要基于冶炼相关的参数进行适当的假设，接着在物料平衡基础上确定出废钢、铁水等参数。在具体的应用过程中，受到转炉炼钢复杂因素的影响，相关的物料平衡和热平衡数据通过对应的假设条件确定，所以，传统的机理模型大部分是基于半机理半经验模型，控制难度很大[14]。

增量模型在控制过程中通过历史数据和目标的增量实现对本炉次控制量的分析和计算，因而其也被称作静态增量控制模型。该模型的建模过程主要取决于参考炉次的实际冶炼数据，且综合分析了本炉和参考炉次初始状态等方面的信息，对各方面的操作因素进行综合考虑，然后在增量计算方法的基础上，确定出热平衡和氧平衡的对应关系，接着计算出本炉次所需的吹氧量和冷却剂用量，增量模型具备一定的自学习能力，但模型中各个参数的选取是建模的一个难点。

统计模型的建模过程无须考虑炼钢期间的物化过程，仅考虑输入和输出之间的映射关系。需要采集大量的实际冶炼数据，用统计学的方法计算出用于指导冶炼生产的各个参数。该模型的特点是结构简单，因为只考虑了输出和输入之间的统计关系，所以可以分析随机偏差，消除随机因素的影响，从而确保一定的准确性。但是该模型在建模过程中需要用到大量的实际生产数据，这样导致建模的初期工作量巨大。

随着计算机技术和人工智能技术的迅猛发展，人工神经网络技术在转炉炼钢的预测和控制领域得到了广泛的应用，一些学者在转炉炼钢终点控制中引入了人工神经网络技术。该技术有一定的自学习、自组织性能，具备很强的非线性逼近能力，非常适合转炉炼钢这类复杂系统的建模要求，因而这类模型对指导生产有重要的意义[15]。在实际生产中，采用这种控制策略的终点碳温命中率一般为60%~80%。

1.3.3 动态控制

转炉炼钢的动态控制是在静态控制模型的基础之上发展出来的控制模型，在炼钢的动态控制过程中，需要借助如副枪、炉气分析仪和温度测量设备等检测设备的动态信息，实现对吹炼参数的在线校正。目前，副枪动态终点控制技术和炉气分析动态终点控制技术是常用的动态控制方法。

副枪的动态终点控制技术主要通过将副枪插入熔池中进行采样，同时对熔池温度和碳含量等相关信息进行检测，然后根据检测结果，计算出到达吹炼终点所需的吹氧量和冷却剂加入量，并用线性或指数函数实时计算出钢时的终点信息。引入副枪技术可有效地降低倒炉和补吹次数，有利于提高生产效率，减少原料消耗，此外也可以很好地消除或减少转炉初始条件波动、随机误差等因素的影响，一般用于生产中、低碳钢[16]。

基于炉气分析的转炉动态终点控制技术通过对吹炼后期的炉气成分进行连续地检测，间接确定钢水成分与温度信息，然后实时调整和预测吹炼终点，确定钢水的脱碳速率，达到转炉终点动态控制的目的[17-20]。该技术可对钢水的碳含量和温度信息进行连续的检测，然后根据检测结果对控制系统进行动态修正，也可以对炉中炉渣成分的变化情况进行判断分析，设备的安装不受炉口尺寸限制，在含碳量低时，具有较高的精度和命中率。该技术的缺点主要有检测设备结构复杂，相关的设备管理和维护的成本高。采用转炉炼钢的动态控制策略，终点碳温命中率通常可达70%~85%。

基于图像处理的动态控制技术也是转炉终点控制领域的一个研究方向。因为炉口的火焰光谱在吹炼过程中可以表现出一定的规律性特征，因而可通过光学方法来判断炼钢的终点：包括模式识别方法和纹理分析方法判断[21]。模式识别方法通过对图像进行分区，接着基于相关区域的像素点的出现频次来判断钢水的终点。而纹理分析方法，则需要对图像进行处理，借助于对比相关的炉口火焰图像的纹理结构特征，在此基础上确定出对应的终点，但这些方法的准确率不稳定，波动范围大，因而有一定的应用局限性[22]。

1.3.4 自动控制

为了更好地满足炼钢的终点控制要求，基于副枪监控信息的静态和动态相结合的控制技术可实现自动化炼钢。自动控制的关键在于准确预测出钢水的终点碳含量和温度等信息，自动调整吹氧量和原料等加入量，以此提高钢水的终点命中率。自动控制对炼钢过程控制的发展具有重要意义。

20世纪80年代后期，转炉的全自动吹炼技术开始出现，在动态控制模型的基础上，通过引入如下技术可实现自动化炼钢：炉渣/炉气在线检测技术——实时监控炉渣状态并进行适当的监控和调节；副枪动态控制技术——监测和预测熔池的碳含量和温度；基于神经网络等智能方法的控制技术——调整和控制整个吹炼过程。

对于转炉炼钢系统，很多因素都会影响钢水的终点碳含量和终点温度，通过进一步分析可知，这些因素之间存在一定的非线性关系。人工智能方法具有较强的非线性逼近能力，因此研发基于智能方法的转炉炼钢静态、动态控制模型，能较好地处理这些非线性关系，并可有效地提升转炉终点命中率。采用转炉炼钢的自动控制策略，碳温终点命中率可达 85% 以上。

1.4　智能方法在转炉炼钢终点控制中的应用

在炼钢控制过程中，模型计算技术对转炉自动控制系统的控制精度至关重要。随着模型计算技术的迅猛发展，转炉控制系统已进入人工智能发展阶段，基于神经网络的模型计算技术作为人工智能方法的典型代表，可有效地应对和处理炼钢冶炼过程中相关因素之间的影响，提升了计算模型的精度。传统的控制技术无法很好地满足控制精度的要求。因而为了有效地解决这些问题，很有必要结合人工智能技术进行相关的处理。由于各钢厂在长期的生产过程中积累的大量的经验，因此可借助专家系统辅助转炉炼钢的过程控制。至于后来出现的人工神经网络计算技术，从诸多文献中可以看出，这种技术在转炉炼钢中有着良好的应用前景。

转炉炼钢的冶炼过程是一个非常复杂的非线性过程，由于其内部有很多因素影响钢水质量，所以仅使用基于物理化学反应的机理模型很难准确描述。而神经网络具有很强的学习能力和非线性映射能力，可很好地满足此类过程的需求。神经网络计算在建模过程中不需要考虑反应机理，它建立的是一种基于输入输出数据的模型，所得的模型可实现对非线性系统的任意精度逼近，因此在钢铁冶金领域得到了广泛应用[23-28]。

针对转炉炼钢的数学建模问题，外国学者结合智能方法进行了研究。Kubat 等人[29]在研究过程中应用了模糊控制技术对钢水的终点成分和温度的相关性进行建模，模型的输入包括铁水的信息、吹氧量和废钢等加入量，输出为钢水的各成分和温度等多个变量，利用模糊规则建立了输入输出的关系。Fileti 等人[30]基于双隐层神经网络，建立了一个二吹阶段吹氧量和冷却剂加入量模型，模型的输入量包括主吹后的碳含量、温度、目标碳含量和目标温度等信息；输出量包括二吹阶段的吹氧量和冷却剂加入量，并在某钢厂进行了实验，结果表明，终点命中率得到显著的提升。Székely[31]通过主成分和独立主元分析方法分别对炼钢数据进行预处理后利用神经网络建立转炉模型，并与未进行数据预处理的模型进行对比，结果表明，预处理后的数据仿真效果更好一些，采用独立主元分析法的模型精度优于其他模型。Cox 等人[32]引入了是否加入冷却剂的判别模型，如果需要添加冷却剂则计算相关加入量，否则只计算吹氧量，上述功能通过利用神经网络分类器实现，这样使二吹阶段的转炉模型更合理。Valyon 等人[33]研究发现，工业数据中存在的噪声会影响模型的精度，针对此问题，建立了一个稀疏鲁棒支持向量机模型，然后对炼钢的温度进行预测，取得了良好的效果。

使用智能建模方法对转炉炼钢过程进行建模，国内不少学者也做了相关研究。孙永涛等人[34]针对反向传播（BP）算法局部停滞、收敛缓慢的不足，提出粒子速度与位置的一种更新策略并优化 BP，从而构建了改进 PSO-BP 终点预报模型，以一组美国加州大学欧文分校（UCI）标准数据验证所提模型的优越性。祁子怡等人[35]基于径向基（RBF）神经网络局部逼近网络的特性之上，采用 K-均值聚类算法确定隐藏层的中心，权值调整采用递推最小二乘法，建立基于 RBF 神经网络在转炉炼钢终点预报的模型，提高了终点预报的精度。朱亚萍等人[36]分析了影响转炉炼钢终点命中率的各种因素，确定了 BP 神经网络（BPNN）的拓扑结构，并依此建立了转炉炼钢静态模型。然后将量子微粒群算法（QPSO）应用于 BP 网络的学习中，并比较了 QPSO、基本微粒群优化算法（PSO）、梯度下降法的学习性能。研究结果表明，该研究提高了转炉炼钢静态模型的终点碳含量和温度预测精度。李长荣等人[37]通过研究影响转炉冶炼终点磷含量的主要因素，确定了影响转炉终点磷含量的参数，建立了基于 Levenberg-Marquardt（LM）算法 BP 神经网络转炉终点磷含量的预报模型。结果表明，在预报误差目标精度（质量分数）为±0.002%内，命中率达到了 90%。温宏愿等人[38]建立了一种基于神经网络的终点预测模型。通过采集炉口辐射信息，结合光纤谱分复用和颜色空间模型转换技术，分析发现了光谱与图像信息特征量在吹炼过程中呈现出中前期类似、末期相反的规律，在改进修正系数算法的基础上，进行了模型的训练和预测分析。该系统可以正常工作在转炉炼钢的恶劣环境下，达到了预期效果。谢书明等人[39]建立基于 RBF 神经网络的转炉炼钢终点温度及碳含量的预报模型，并结合 180t 转炉的实际生产数据进行数学建模。实验结果验证了其预测精度优于传统的机理模型和 BP 模型。之后，又提出了基于 BP 神经网络的转炉炼钢终点温度及碳含量的预报模型，以 Levenberg-Marquardt（LM）算法来训练网络，其算法是梯度法与高斯牛顿法的结合。仿真结果表明，预报精度高于传统的机理模型[40]。曲丽萍等人[41]全面分析了转炉炼钢生产特点，并在此基础上建立了神经元网络的预报模型和控制模型。同时，将炼钢的终点温度和终点碳含量作为控制目标，计算氧气的补吹量和冷却剂的补入量，实现转炉炼钢的终点控制。从仿真结果看，终点温度和终点碳含量仿真精度高，控制策略有效。韩敏等人[42]提出了基于核思想和贪婪算法的主元模糊神经网络模型，采用核函数把输入变量向高维特征空间映射以充分挖掘变量的隐藏信息，经贪婪算法优化选取主元，除去变量的冗余信息，降低输入维数。将提取的主元输入自适应神经模糊推理系统后，网络以规则的形式来反映数据间蕴含的关系；以此模拟操作工经验，减少经验差异带来的影响。对转炉生产实测数据进行了仿真，结果表明该模型是有效的。之后又提出将微粒群优化算法和独立成分分析引入径向基函数神经网络模型用于转炉炼钢终点预报。对转炉生产实测数据进行了仿真，结果表明该模型能有效提高预报精度，保证预报的可靠性[43]。

以上研究表明，智能方法已经广泛应用于转炉炼钢的建模应用中，不仅在模型精度上优于传统模型，而且能够为实现炼钢自动化提供有力的保障。智能方法已经成为提高转炉炼钢控制精度的有力手段。因此基于智能方法转炉炼钢预测和控制模型的研究有着很现实的意义。通过对智能方法在转炉炼钢终点控制的应用现状的总结，可得出以下的结论和发展趋势：

(1) 由于转炉炼钢是一个复杂的工业过程，其机理过程尚未完全被人们认识清楚，因此采用智能方法对该问题进行研究是一个很好的选择。而且将智能方法与其他数学方法的结合应用也逐渐被学者所关注，这也是解决转炉建模问题的一个有效思路。

(2) 智能方法在转炉炼钢建模的应用中，不仅要求模型的精度达到一定的要求，而且对建模的效率和速度也有一定需求，模型的实时性对炼钢自动化起着非常重要的作用。因此，选择建模稳定性和实时性较好的智能方法，能充分发挥转炉模型的优势，达到提高钢水终点命中率的目的。

(3) 孪生支持向量机是一种高效的智能算法，随着计算机技术在转炉炼钢中的迅速发展，存储的大量实际数据可为孪生支持向量机在转炉炼钢建模中的应用提供充足的训练样本。与现有的转炉炼钢模型相比，孪生支持向量机由于自身所具有的小样本学习、鲁棒性强等独特优势，使其非常适用于解决传统转炉模型建模过程中易于陷入局部最小值或维数灾难等问题，故此借助孪生支持向量机构建的转炉炼钢预测和控制模型可实现钢水的终点控制，进而能够更好地指导实际生产，提高炼钢厂的生产效率。

从上述趋势可以看出，智能炼钢技术是我国钢铁产业发展政策指南中急需大力开发的关键技术。较好地掌握智能炼钢技术不仅能带动炼钢企业的管理水平，还能够提高炼钢工艺装备及整体自动化水平，进而大大降低国内炼钢冶炼过程的吨钢成本，确保我国在未来国际市场中具备较强的竞争力，所以，智能炼钢技术的深入研究具有重要的现实意义[44]。智能炼钢过程控制非常复杂，主要通过计算机对转炉炼钢发出控制指令。整个设计不仅依靠计算机硬件和软件，同时，需要完备的基础自动化保证设备的精准运行，还需要高精度的物料计量采集系统，确保主辅原材料达到精料标准，重量、成分、温度、压力、流量准确稳定，且钢液成分和温度准确。所以，能否精准采集到吹炼过程中的炉内信息是关键问题，可利用目前较为常用的副枪技术对转炉进行检测和监控。因此，智能炼钢技术的推广应用能够提高相关基础管理水平，进而使国内炼钢厂的自动化与信息化水平达到国际领先水平。综上所述，本书针对大型带副枪转炉的终点碳含量和温度控制问题，运用孪生支持向量机在建立预测和控制模型中具备的独特优势，建立整个冶炼过程的数学模型，其中包括转炉冶炼过程的静态和动态控制模型，进而实现钢水终点碳含量和温度的终点控制，对"一键式"炼钢和自动出钢等智能炼钢问题的研究具有一定的借鉴意义，从而达到带动炼钢管理上水平和提升企业核心竞争力的目的。

1.5 本书主要内容和编排

本书以 260t 转炉炼钢生产的终点预测与控制为背景，对孪生支持向量机在转炉炼钢的建模应用问题展开了相关工作。本书内容以基于副枪测量的转炉生产的实际需求为基础，首先针对钢水终点碳含量和温度的预测问题，讨论转炉炼钢的静态预测模型，采用改进的孪生支持向量机建立转炉的终点预测模型，解决了神经网络模型存在的易于陷入局部最小值的问题，提高了预测模型的终点命中率；在预测模型的基础上，对转炉炼钢生产过程中的加料和吹氧问题进行分析，建立转炉炼钢静态控制模型，为建立动态控制模型奠定了良好的基础；根据副枪的过程测试结果，思考转炉终点温度和碳含量的动态组合预测模型，为转炉预测模型的研究提供了一个新的建模思路；利用改进的孪生支持向量机建立转炉炼钢的动态控制模型，通过调整补吹氧气量和冷却剂加入量，最终实现转炉炼钢的终点动态控制，为转炉炼钢生产提供更有效的信息。本书共分为 7 章：

第 1 章为绪论，主要综述了本书的背景和意义以及氧气转炉炼钢法的发展，然后对转炉炼钢的终点控制技术进行了分类对比，在此基础上，对智能方法在转炉炼钢终点控制中的应用现状进行论述和总结。

第 2 章从氧气转炉炼钢法的装入制度、供氧制度、造渣制度、温度制度和终点制度几个方面论述了转炉炼钢的工艺流程，然后阐述转炉炼钢预测模型的建模过程、标准和性能指标，最后基于热力学、动力学以及物料平衡热平衡理论，分析了这些理论在熔池终点计算上存在的问题，并给出解决方案，为后续建立转炉模型提供理论依据。

第 3 章讨论转炉炼钢的终点静态预测模型。分析了孪生支持向量机的基础理论，提出了基于小波权重的改进孪生支持向量机算法，通过引入小波权重矩阵和权重向量，提高传统算法的运算精度，最后建立转炉炼钢的终点静态预测模型，并利用实际生产数据对所提方法进行仿真，以验证方法的可行性。

第 4 章讨论转炉炼钢的终点静态控制模型。分析了现有的静态控制方法及各个方法的优缺点。结合第 3 章提出的预测模型和鲸群优化算法,分别建立了转炉炼钢的终点分量和总量控制模型。通过优化或预测来计算总吹氧量和原材料加入量,使熔池碳含量和温度在吹炼后期达到终点,最后通过仿真证明模型的有效性。

第 5 章主要研究转炉炼钢的终点动态预测模型研究。建立了基于 K 最近邻权重的孪生支持向量机的转炉动态预测模型。该模型同时考虑建模过程中影响转炉生产的定量和非定量因素,分别建立有冷却剂和无冷却剂的转炉动态组合预测模型,通过对实际生产数据的仿真证明动态预测模型的可行性。

第 6 章分析转炉炼钢吹炼后期的终点动态控制模型。首先根据副枪信息和目标碳含量和温度信息,建立基于无约束小波权重的孪生支持向量机的转炉终点预测模型,提高了模型的建模效率;然后在此基础上建立了终点动态控制模型,通过调整补吹氧气量和冷却剂加入量,确保终点碳含量和终点温度命中理想区域,通过对实际生产数据的仿真分别验证了有冷却剂和无冷却剂的动态控制模型的优越性。

第 7 章是本书的结论和展望部分。首先,对全书的主要研究工作和结果进行总结;其次,对目前存在的问题做了归纳,并指出下一步研究方向。

参 考 文 献

[1] 史战东. 转炉终点控制模型的比较分析和改进研究 [D]. 重庆:重庆大学,2008.

[2] 王茂华,惠志刚,施雄梁. 转炉终点控制技术 [J]. 鞍钢技术,2005 (3):6-10.

[3] 杨阳. 转炉炼钢终点控制技术应用 [J]. 山东工业技术,2018 (15):11.

[4] 冯士超,王艳红,丁瑞锋. 转炉炼钢终点控制技术应用现状 [J]. 冶金自动化,2016,40 (2):1-6.

[5] 彭飚. 转炉炼钢终点控制技术现状浅析 [J]. 建材与装饰,2016 (10):229-230.

[6] 刘超. 转炉炼钢终点控制技术研究及应用 [J]. 特钢技术,2013,19 (3):5-7.

[7] 李光辉,刘青. 转炉炼钢过程工艺控制的发展与展望 [J]. 钢铁研究学报,2013,25 (1):1-4.

[8] 许刚,雷洪波,李惊鸿,等. 转炉炼钢终点控制技术 [J]. 炼钢,2011,27 (1):66-70.

[9] 邢曼华,袁守谦,赵田丽,等. 转炉终点控制技术的发展 [J]. 金属材料与冶金工程,2010,38 (2):54-59.

[10] 全红. 转炉炼钢动态控制技术 [J]. 云南冶金,2006 (3):31-34.

[11] 潘秀兰,王艳红,郭艳玲,等. 国内外转炉炼钢技术的新进展 [J]. 鞍钢技术,2004 (6):1-7.

[12] 刘浏. 中国转炉炼钢技术的进步 [J]. 钢铁,2005 (2):1-5.

[13] 尹锡军. 转炉提钒静态模型及应用 [J]. 四川冶金,2006 (2):8-11.

[14] 高玉. 转炉炼钢终点静态预测系统的研究 [D]. 鞍山:辽宁科技大学,2008.

［15］ 孟祥宁, 张海鹰, 朱苗勇. 转炉炼钢过程静态控制模型的改进 ［J］. 材料与冶金学报, 2004 (4): 246-249.

［16］ 王心哲. SVM 和 CBR 的建模研究及其在转炉炼钢过程的应用 ［D］. 大连: 大连理工大学, 2012.

［17］ 张旭升. 质谱仪在转炉炼钢终点控制中的应用 ［J］. 鞍钢技术, 2003 (6): 8-11, 22.

［18］ 万雪峰, 李德刚, 廖相巍, 等. 转炉炉气分析技术的发展及应用 ［J］. 鞍钢技术, 2009 (5): 7-11, 40.

［19］ 李彦平, 潘德惠. BOF 系统的炉气分析及其自动控制 ［J］. 控制与决策, 1988 (2): 7-10, 38.

［20］ 张贵玉, 万雪峰, 林东, 等. 基于炉气分析的熔池碳含量及温度变化研究 ［J］. 钢铁研究学报, 2006 (11): 56-59.

［21］ 代友训. 转炉炼钢终点准动态控制系统研究 ［D］. 重庆: 重庆大学, 2007.

［22］ 江帆, 刘辉, 王彬, 等. 基于火焰图像 CNN 的转炉炼钢吹炼终点判断方法 ［J］. 计算机工程, 2016, 42 (10): 277-282.

［23］ Jimenez J, Mochon J, Sainz D A J, et al. Blast furnace hot metal temperature prediction through neural networks-based models ［J］. ISIJ International, 2007, 44 (3): 573-580.

［24］ Radhakrishnan V R, Mohamed A R. Neural networks for the identification and control of blast furnace hot metal quality ［J］. Journal of Process Control, 2000, 10 (6): 509-524.

［25］ Wang J, Der W P J V, Der Z S V. Effects of carbon concentration and cooling rate on continuous cooling transformations predicted by artificial neural network ［J］. ISIJ International, 2007, 39 (10): 1038-1046.

［26］ Trzaska J, Dobrzański L A. Application of neural networks for designing the chemical composition of steel with the assumed hardness after cooling from the austenitising temperature ［J］. Journal of Materials Processing Technology, 2005, 164-165: 1637-1643.

［27］ Kong L X, Hodgson P D, Collinson C D. Modelling the effect of carbon content on hot strength of steels using a modified artificial neural network ［J］. ISIJ International, 1998, 38 (38): 1211-1129.

［28］ Pern Espinoza A, Castej Nlimas M, Gonz Zmarcos A, et al. Steel annealing furnace robust neural network model ［J］. Ironmaking & Steelmaking, 2013, 32 (5): 418-426.

［29］ Kubat C, Taskin H, Artir R, et al. Bofy-fuzzy logic control for the basic oxygen furnace (BOF) ［J］. Robotics & Autonomous Systems, 2004, 49 (3): 193-205.

［30］ Fileti A M F, Pacianotto T A, Cunha A P. Neural modeling helps the BOS process to achieve aimed end-point conditions in liquid steel ［J］. Engineering Applications of Artificial Intelligence, 2006, 19 (1): 9-17.

［31］ Székely N. Simplifying the Model of a complex industrial process using input variable selection ［J］. Periodica Polytechnica Electrical Engineering, 2008, 47 (1-2): 141-147.

［32］ Cox I J, Lewis R W, Ransing R S, et al. Application of neural computing in basic oxygen steelmaking ［J］. Journal of Materials Processing Technology, 2002, 120 (1): 310-315.

［33］ Valyon J, Horvath G. A sparse robust model for a Linz-Donawitz steel converter ［J］. IEEE

Transactions on Instrumentation & Measurement，2009，58（8）：2611-2617.

［34］ 孙永涛，吴永刚，秦波．基于 IPSO 优化 BP 的转炉炼钢终点预测研究［J］．内蒙古科技 与经济，2017（19）：71-73.

［35］ 祁子怡，高坤，赵宝芳，等．基于 RBF 神经网络在转炉炼钢终点预报中的应用研究 ［J］．无线互联科技，2017（4）：106-107，129.

［36］ 朱亚萍，王文龙，徐生林．基于量子微粒群的 BPNN 在转炉炼钢静态模型中的应用 ［J］．机电工程，2011，28（5）：598-600.

［37］ 李长荣，赵浩文，谢祥，等．基于 L-M 算法 BP 神经网络的转炉炼钢终点磷含量预报 ［J］．钢铁，2011，46（4）：23-25，30.

［38］ 温宏愿，赵琦，陈延如，等．基于炉口辐射和改进神经网络的转炉终点预测模型［J］． 光学学报，2008（11）：2131-2135.

［39］ 谢书明，孙凯，陈昌．基于 RBF 神经网络的转炉炼钢终点预报［J］．沈阳工业大学学 报，2006（4）：405-408.

［40］ 谢书明，陈昌，丁惜瀛．基于 BP 神经网络的转炉炼钢终点预报［J］．沈阳工业大学学 报，2007（6）：707-710.

［41］ 曲丽萍，曲永印，白晶，等．炼钢智能自动化系统［J］．控制工程，2007（3）： 17-19，22.

［42］ 韩敏，姜力文，赵耀．基于 PSO-ICA 和 RBF 神经网络的转炉炼钢终点预报模型［J］．信 息与控制，2010，39（1）：82-87.

［43］ 韩敏，黄晓清，王心哲．贪婪核主元模糊神经网络在转炉炼钢终点预报中的应用［J］． 信息与控制，2008（4）：494-499.

［44］ 樊建忠，李琦．推广应用全自动炼钢技术的必要性［J］．自动化博览，2009，26（5）： 76-79.

2 转炉炼钢的工艺流程、反应机理和数学模型

转炉炼钢模型的优劣是评价自动化炼钢水平的重要指标。由于转炉冶炼过程中的物理化学反应非常复杂，人们对转炉炼钢冶炼过程的认知程度有限，因此传统的经验和机理模型的精度和效率不能满足自动化炼钢的要求。随着测量技术和计算机技术的进步和发展，能够更好地获取冶炼过程中的有效信息和大量的实际生产数据，为统计模型和人工智能模型提供了良好的条件，进而提高模型的精度。与统计模型相比，人工智能模型具有较强的非线性逼近能力，其中最具代表性的是基于神经网络的转炉炼钢模型技术，目前已经取得很多研究成果，验证了人工智能模型在转炉炼钢领域的优越性，所以基于人工智能模型的自动化炼钢是未来的发展趋势。人工智能模型的优势在于无须掌握转炉内部的机理过程，对数据信息进行分析，从中提取出对转炉炼钢生产有用的部分，确定模型的输入和输出，然后采用智能算法建立输入和输出之间的关系，得到转炉炼钢冶炼过程的数学模型。虽然建模的过程不需要了解转炉内部的全部物理化学反应过程，但是数据的分析需要从转炉炼钢的工艺流程和制度出发，结合转炉内部的反应过程，准确地选择出输入和输出变量，最后通过数学建模的具体流程和步骤，建立转炉炼钢的数学模型，这类模型也称转炉炼钢的预测模型，在此基础上即可进一步结合相关的控制策略，实现转炉炼钢的静态控制、动态控制或自动控制。因此，本章首先从氧气转炉炼钢法的装入制度、供氧制度、造渣制度、温度制度和终点制度几个方面论述了转炉炼钢的工艺流程，然后阐述了转炉炼钢预测模型的建模过程、标准和性能指标，最后分析转炉冶炼过程中的炉内的主要元素的氧化反应对冶炼过程的影响、冶炼过程中所需的原材料的影响、分析传统的机理预测模型存在的主要问题，并给出解决方案，为后续确定模型输入输出变量以及数学建模提供理论指导。

2.1 氧气转炉炼钢法工艺流程和制度

2.1.1 装入制度

装入制度主要就是确定装入量、铁水废钢比例，即确定需要添加多少辅料，包括铁水、生铁、废钢等。氧气转炉装入制度包括以下几种：定量装入制度、分

阶段定量装入制度、定深装入制度。不同制度含义特征均不同。定量装入制度主要指的是各炉保持相同的装入量。其优势在于生产简便、操作稳定，生产过程便于实现自动化控制。但在整个过程中，熔池由深逐渐变浅，不适合小型熔炉。由于国内普遍采用溅渣护炉技术，炉型变化不明显。中型转炉其实也适用于该种装入制度。目前该制度已经成为我国大型转炉主要采取的制度。分阶段定量装入制度其实就是在炉役周期内，先根据炉膛扩大情况将其分为几个阶段，然后在每个阶段定量装入。这样，可使炉体具有较高炉容比和熔池深度，同时也最大限度保持了不同阶段装入量的稳定性，在提高装入量的同时为组织生产提供了便利，有很强的实际适应性。目前我国现有的中小转炉均采用这种制度。相比较这两种制度，定深装入制度因为组织生产难度较高，目前已经基本停用。

定量装入制度的关键在于确定每个转炉的装入量，装入量一旦超出规定范围，就容易给技术经济指标带来不利影响。装入量高，将出现喷溅现象，造渣难度增加，延长冶炼时间，降低炉寿命。但装入量过低，则容易影响产量，使熔池变浅；一旦控制不合理，在顶底气流的共同作用下，容易影响炉底，严重的会使炉底破坏，泄漏出钢。

在吹炼前需先保证装入量合理，这需要重点考虑如下几点因素：首先是合适的炉容比，即合适的转炉工作容积与公称吨位的比值。恰当的炉容比可以为冶炼提供足够空间，以保证得到较高技术指标。该值过高，对应需要消耗更多耐火材料，造成生产车间的高成本、高消耗。该值过低，意味着炉内空间较小，反应过程中将引发喷溅现象，损害炉内衬，影响后续操作，而且炼钢过程中需要消耗更多原材料，缩短内衬的使用寿命，抑制钢的生产效率。实践表明，炉容比容易受到如下因素影响：

(1) 铁水比和铁水成分；

(2) 供氧强度；

(3) 冷却剂的种类；

(4) 氧枪喷嘴结构。

另外需要保证熔池深度适当，旨在缓解炉底氧气流的冲击作用。因此，熔池深度确定的原则是超过氧气流股对熔池最高的穿透深度。而且容量不同，熔池对应的深度也有所不同。至于模铸车间，要求是保证装入量和锭型相匹配；对于连铸工艺，转炉的装入量需要结合实际情况做出合理的调整。在整个冶炼过程中，要确保铁水、废钢装入顺序正确，保证铁水和废钢比合适。总之，装入制度设计要能充分挖掘现有设备的潜力，而且装入要有目的，避免造成不必要的浪费和损伤。

2.1.2 供氧制度

氧是整个炼钢过程中不可缺少的元素，是实现脱硫、脱碳和硅锰氧化的前提条件。因此，该制度旨在确保进入熔池的氧气射流最合理，能够为炼钢反应营造良好的物理环境。该制度属于吹炼重要环节，直接决定最后钢的质量。只有提供充足的氧气，才能有效清除杂质，控制熔池内温度升高、造渣和喷溅的速度。除此之外，氧气供给情况是控制终点碳和温度的重要前提。如果能够控制好氧气供给，那么有助于加强冶炼过程，提高钢水质量。供氧制度包含的内容主要有氧气压力、氧枪位置、喷头结构和供氧强度等。

通常氧枪用来给熔池供氧。氧枪喷头也称喷嘴，作用是将氧气的压力转换为动能，形成超音速氧气射流。大多是用紫铜锻造后切削加工而成。枪身则由无缝钢管用焊接的方式连接在一起。

氧气射流是指高压氧气从喷嘴喷出后形成的定向流股，也就是将高压低速氧气转化为低压高速氧气。如果喷嘴结构设置合理，意味着压力可得到最大限度转化，而且也能加快化渣速度，满足不喷溅、不烧枪、不粘枪，枪位稳定便于控制的要求。而为了提高氧枪的寿命和转炉作业效率，需要知道氧气喷头损害原因，以及何种情况下需要更换氧枪。

具体损坏原因有如下几点：

（1）高温钢渣存在冲刷作用，以及受急冷急热影响；

（2）冷却方式、途径不正确；

（3）喷头端面处粘有钢；

（4）喷头质量受损。

喷头在满足如下条件时即可停用：

（1）出口处已发生变形，且变形程度高于 3mm；

（2）喷孔被腐蚀，冶炼指标恶化；

（3）喷头、氧枪发生渗水和漏水的情形；

（4）喷头或枪身涮蚀不小于 4mm；

（5）喷头或枪身粘钢变粗，并达到一定直径；

（6）喷头出现损坏、枪身弯曲超过 40mm。

将氧气以超声速射流射入熔池中时，氧枪的马赫数过高会导致严重地喷溅，伴随有大量动能损失，以及渣料、金属等消耗增加，损坏炉体内衬。但如果马赫数过低，会影响搅拌功能，降低氧气利用系数，增加氧化铁含量。一般喷嘴都是选择拉瓦尔管型结构，根据喷嘴的孔数可分为单孔喷嘴和多孔喷嘴。从单孔喷嘴喷出的高压氧气射流产生的压力明显低于外部气体压强，所以在两者接触过程中容易使周围的气体被卷入，这样的射流被称为自由流股。如果和喷嘴保持较远的距离，将卷进大量的气体，增大射流流量以及横截面积，相应流速会有所降低，称为自由流股射流的衰减。从多孔喷嘴喷出的氧气流有很多股，提高了氧气和熔池的接触面积，确保氧气可以均匀逸出，提高吹炼稳定性。氧流和其他流股在接触过程中保持着自由流的状态。流股彼此间接触会发生动量交换，从流股边缘开始逐渐转向中心轴线进行不断混合，相应的流股各自的特性开始消失。最后，多股逐渐汇合成一股氧流时又会恢复成自由氧流的特性，但是若在未完全汇合之前，氧气就和熔池开始接触，那么将削弱对熔池的冲击，增加操作面积，提高操作稳定性，确保顺利吹炼。若喷嘴结构设计不够合理，多孔氧射流过早汇合，就与单个自由氧流没有区别，对吹炼不利。

由于转炉炉膛内部的反应非常复杂，随着炉内环境性质的变化，氧气射流的特性难以确定。吹氧初期，射流与熔池之间充满了由 CO 和空气组成的热气体。吹氧几分钟后，炉内开始形成炉渣，从熔池内排出 CO 的速度加快，由此产生泡沫渣，将氧枪淹没。在此条件下，很难直接测定射流的特性，也没有相关的实验方法能够预测炉内的情况。与此同时，吹入炉膛内部的氧气射流与炉内的介质存在温度差，浓度差以及密度差，还存在着反向流动的介质与化学反应。所以，炉内的氧气射流与静态条件下研究自由射流存在较大差异。

炼钢过程中的氧化反应是指通过吹氧使金属中铁、碳、硅、锰、磷等元素氧化，运用基础理论控制氧化反应，均匀升温，加速成渣，完成炼钢的基本任务。炉内主要氧化过程是碳的氧化，碳氧反应的目的是在炼钢过程中脱碳。

2.1.3　造渣制度

氧气转炉一般供氧时间维持在十几分钟，为了保证得到质量较优的钢水，要求整个转炉渣流动性良好，碱度适中，氧化铁和氧化镁含量适中等，如果能够满足这些条件，转炉内的内衬也能得到一定程度保护。炉渣制度包含的内容有确定渣料量、添加时间、成渣方式等。

炉渣是铁水中硅、铁、锰、磷等元素被氧化，并和石灰共同熔化得到的产物。吹炼反应的速度在很大程度上取决于炉渣自身的性质及拥有的化学组分。若要求在脱碳的同时脱磷，就需保证氧化铁含量在一定范围内，石灰不断熔化，最后得到的是碱度合适的泡沫化炉渣。泡沫渣形成主要是炉渣内气泡和气泡间液体渣膜共同黏附形成的发泡溶体。在整个吹炼过程中，由于存在氧气射流和熔池搅拌，使得钢液—熔渣—气体间出现大量乳化液，形成的泡沫渣，是转炉内部快速反应的主要原因。

造渣方式的选择是由铁水成分和钢种决定的。目前常用于实践的方法有单渣法、双渣留渣法和双渣法。其中单渣主要指的是在整个过程中（开吹—终点）没有任何倒渣行为。这种方法适用场所为铁水含硫、磷、硅不高的钢种。该方法的优势在于操作简便，冶炼时间短，条件佳等。双渣法主要指的是冶炼期间需要换渣，即中途需倒出一部分炉渣，后继续加料造渣。这种方法对铁水硅和磷含量的要求为：硅高于 1%，磷高于 0.5%。该方法最突出的优势在于可取得非常好的脱磷和脱硫效果，可最大限度避免出现喷溅现象；可降低石灰的消耗量，以及为炉衬提供保护。双渣留渣方法主要指的是适当留下部分上一炉的炉渣，然后用于下一炉冶炼。等到吹炼前期结束的时候将其倒出，继续造渣。终渣具有碱度高、FeO 含量高、渣温高的特征，有利于下炉吹炼初期石灰的熔化，加速初期渣的形成；除此之外，也可大幅度降低石灰的消耗、铁损和氧耗。

在炼钢工序中，首先是金属料中硅、锰元素被氧化，为了保证一定的碱度，需加入一定量的石灰，得到的初渣中包含 CaO、SiO_2 和 FeO 等。此外，加入铁皮和矿石熔化后增加了渣中 Fe_2O_3 和 FeO 的含量，因此，初渣中 FeO 比较高。加入石灰后，由于炉温较低，石灰不能完全溶解；随着炉温升高和渣中 FeO 含量增高，使石灰逐渐溶解。石灰的溶解首先必须先熔化掉外面的渣壳，才能使里面的石灰释放出来。有研究指出，石灰熔化的时间并不长，通常 4cm 左右的石灰，需要 50s 左右的时间。具体可以通过更换石灰块度和预热的方式来缩减熔化时间。或者可以采用生白云石或轻烧白云石替代部分石灰造渣，提高渣中 MgO 的含量，最大限度降低炉衬被侵蚀的可能性。炉渣碱度提高的时候，前期过饱和 MgO 会从中析出，炉渣黏度上升不利于化渣，MgO 的含量小于 6%时，有利于化渣。如果条件满足，产生的 MgO 会挂在衬层上，为炉衬提供保护。如果原料为白云石，在实际操作中需注意何时添加以及加入多少量，把握好这两个参数才能保证炉底不会上涨，不会出现粘枪情形。

在实际生产中，顶吹转炉渣料是分批次加入炉内的。按照铁水条件以及石灰质量来确定加入多少复吹转炉渣料。如果铁水温度高以及石灰质量好，可全部将其添加进入炉内，确保可以早化渣，并且保证渣的质量；但若温度和质量无法满足要求，则需要分批次添加渣料，一般第一批加入时间为开吹前 3min，渣料量为总渣的 2/3~3/4。当全部完成化渣之后再将第二批料添加进入，具体操作时也可以小批量多次进行。

炼钢造渣主要是为了去除钢中的有害元素。为碳氧化反应营造良好环境；如果炼钢熔渣合适，可最大限度避免炉衬被损害，起到必要的保护作用。如果熔渣过于黏稠，钢渣难以分离，会降低金属收得率，增加钢中夹杂物。炼钢熔渣来源有：金属原料中铁、硅、锰、磷等元素氧化产物；固体料自带的泥沙；冶炼中炉衬耐火材料被侵蚀掉落。

2.1.4 温度制度

由于转炉吹炼时间短，升温速度快，平均每分钟升温 20~30℃，因此温度的控制是比较困难的。所谓温度制度主要是指控制吹炼过程中熔池和终点的温度。其目的在于保证整个过程中吹炼温度可以均衡上升，为操作实现奠定良好基础。只有将温度控制好，才能达到要求，是保证终点温度的关键。终点温度控制恰当，才能确保出钢温度合适。

氧气转炉炼钢中涉及的热量全部来自铁水物理及化学过程所产生的热量。其中物理过程主要指铁水自带热量，受铁水温度影响较大；而化学过程主要指铁水在被氧化过程中释放出的热量，受铁水成分影响较大。通常情况，不同元素氧化释放热量是存在差异的，因此在实际计算时采用热效应来计算。例如，硅和磷的发热能力很强，它们是主要热源，但是锰和铁的发热能力不大，所以它们不是主要热源。必须指出，确定铁水中发热元素主要是依靠元素氧化过程热效应和元素氧化总量。吹炼低磷铁水时，供热最多的是碳，其次是硅，其余元素供热不明显。在吹炼高磷铁水时，供热最多的是碳和磷。

通常情况下，转炉的热量消耗主要由两部分组成。一部分是直接用于炼钢的热量，即用于加热钢水和熔渣的热量；另一部分则是未直接用于炼钢的热量，包括废气、烟尘带走的热量，冷却水带走的热量，炉口炉壳的散热损失等。转炉的富余热量应加以利用，一般是采用配加冷却剂的方法来平衡，冷却剂一般有 3 种选择，即废钢、铁矿和氧化铁皮。它们可单独使用，也可搭配使用。有时也可用石灰石和石灰作冷却剂。如果使用白云石造渣，也具有冷却剂的作用。

2.1.5 终点控制

终点控制指的是对温度和成分的控制，也就是等到加入铁水以后，经过一系列的操作最后使得钢水温度和成分达到了要求，即达到终点，终点主要是依据下面几点来辨别：

（1）钢中碳含量达到所炼钢种的控制范围；

（2）钢中磷、硫含量低于规格下限以下的一定范围；

（3）出钢温度能保证顺利进行精炼、浇铸；

（4）对于沸腾钢，钢水应有一定氧化性。

磷含量与吹炼过程中渣的熔化和（FeO）含量等有关，渣的熔化状况通常由人工根据经验判断，难以从以前的数据获取，所以脱磷通常依靠人工经验进行判断。采用铁水预处理工艺，脱硫可在炼钢吹炼前完成；若没有采用铁水预处理，硫含量与磷相似，依靠人工经验进行判断。因此，钢水的终点控制主要指终点碳含量和钢水温度的控制，碳和温度通过检测合格后，根据人工经验判断磷和硫含量合格即可出钢。

一般情况下，终点控制应包括所有影响钢质量的终点操作和工艺因素控制。出钢主要依据是钢水碳含量和温度合格，所以终点也称"拉碳"。如果终点控制的偏差较大，则会造成钢种报废。从终点碳含量的角度看，如果拉碳偏高，则需要进行补吹，这样会导致金属消耗量增加，降低炉衬的寿命。如果拉碳偏低，则需要延长吹炼时间，这样会造成生产秩序的混乱，影响钢的质量。如果钢水的终点温度过低，需进行补吹，导致碳含量偏低，进而需要增碳处理，这样对炉衬不利；如果终点温度过高，钢水气体含量随之增高、侵蚀耐火材料，进而造成能源的浪费并影响钢的质量。

终点经验碳控制的方法有拉碳法和增碳法，其中拉碳法分一次拉碳法和高位补吹法。该方法的优点是：

(1) 终点渣 TFe 含量低，钢水收得率高，对炉衬侵蚀量小；

(2) 钢水中氧含量少，不加增碳剂，钢水洁净；

(3) 余锰高，合金消耗少；

(4) 氧耗量小，节约增碳剂。

高位补吹法是在比预定终点要求高的时候拉碳，这样就可以根据取样分析结果决定补吹时间。增碳法是指除超低碳钢种外的所有钢种，这里在冶炼的过程中都需要增碳剂，这里的碳含量必须是非常的高，否则会污染钢水。

终点控制判断方法有依靠碳和依靠温度进行判断两种方法。碳的判断是通过看火焰、看火花、结晶定碳分析等手段进行。根据转炉炼钢法的工艺流程和制度可以看出，转炉出钢的碳含量和温度是钢水质量的重要指标，终点控制在整个过程中起着举足轻重的作用，因此深入研究转炉终点控制技术对提高炼钢水平具有重要的意义。

2.2 转炉炼钢预测模型的数学模型

数学模型是针对参照某种事物系统的特征或数量依存关系，采用数学语言，概括地或近似地表述出的一种数学结构，这种数学结构是借助于数学符号刻画出来的某种系统的纯关系结构。对于转炉炼钢的冶炼过程，可以通过建立数学模型反映其数学关系结构，即转炉系统中各变量之间关系的数学表达。本章主要研究如何用定量的形式描述转炉炼钢的冶炼过程，即建立转炉炼钢的预测模型。通过高精度的预测模型，可以更好地了解转炉炼钢的终点成分和温度，然后采用有效的控制手段，更好地实现对终点成分和温度的控制。

2.2.1 转炉炼钢预测模型的建模过程

转炉炼钢的数学模型反映的是转炉系统输入和输出之间的映射关系。一般情况下，转炉预测模型的数学建模流程如图 2.1 所示，具体过程分述如下[1]。

2.2.1.1 转炉历史数据的收集和整理

数据的收集是数学建模的先决条件，在收集数据的过程中，要遵循充分、准确的原则。根据得到的数据，首先需要对其进行预处理，剔除异常数据，异常数据的产生的原因主要是传感器的故障使得某些采集的信息超出了其实际范围。然

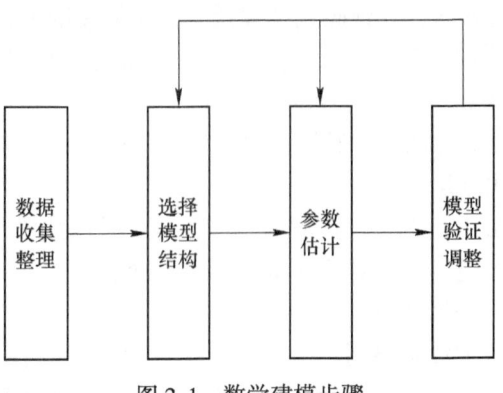

图 2.1 数学建模步骤

后通过机理分析，发现转炉炼钢过程中的规律性，即确定转炉模型的输入和输出。最后删除如炼钢日期、炉长姓名等与建模无关联的信息，为数学模型的建立打下良好的基础。

2.2.1.2 模型结构的确定

根据对系统内部结构、特征、参数等因素的了解程度，数学模型的结构可分为白箱模型、灰箱模型和黑箱模型。

(1) 白箱模型，即机理模型。白箱模型主要是参考所获得的知识了解研究对象内部运动变化规律的情况下，通过使用数学工具能够清楚地反映输入信息和输出信息之间的内部关系的模型。最大的特点是人们不仅可以通过给出输入和输出信号的模型来掌握输入信息和输出信息之间的内在关系，还可以从模型中获得关于输入和输出之间相互依赖的信息。这个模型具有很高的透明度，它的物理直观性很好。通常，可以获得输入和输出之间清晰的函数关系。在转炉炼钢应用中，通过研究转炉的主要的结构特点，以采用物料平衡—热平衡法建立起的模型称为机理模型，该模型具有唯一性。建立这类模型的前提是必须对所表述的要素或过程的规律有清楚的认识，对于各有关因素也有深刻的了解。但由于问题的复杂性，人们对转炉吹炼过程认知的局限性，白箱模型的获取难度非常大。

(2) 灰箱模型，即半机理模型。灰箱模型介于白箱模型和黑箱模型之间。它主要针对不能完全掌握内部规律的一类问题，通常难以完全提取模型中隐含的规则信息和训练学习的知识。在用物料平衡—热平衡方法建立转炉炼钢数学模型的过程中，几乎每个模型都含有一些未知参数，这些参数很难确定。这时可以通过过去的测量数据或专家经验来确定。

(3) 黑箱模型，即输入-输出模型。该模型是一种广泛应用于预测模型中的模型。它是根据输入-输出关系建立的数学模型，它反映了相关因素之间的直接因果关系。黑箱模型本身并不能描述转炉的吹炼过程，需要通过使用历史数据经过处理后才能得到。在这个处理的过程中，并不需要掌握具体的反应过程，但是在建模过程中需要大量的数据，建立的模型不唯一，可以采用不同类型的函数来描述。

2.2.1.3 模型参数的估计

建立灰色和黑色的模型的时候有一个非常关键的环节就是估计模型的参数，这里需要估计的参数个数是不确定的。参数的确定方法通常采用最小二乘法或者优化方法来解决。

2.2.1.4 模型的验证和调整

在确定出模型结构和参数估计以后，还需要对模型进行验证和修正。一般采用的方法就是利用测试数据，代入模型，将输出结果与数据中的实际输出结果进行比较。如果两者之间的误差在允许范围内的话，则完成建模。但是如果相差太大，就需要对模型进行修改，并重新进行参数的估计和模型的验证。如果预测误差始终达不到预定的要求，可对模型结构进行一定的调整，重复参数估计的过程并验证结果，直到找到符合要求的模型结构和参数，完成转炉模型的数学建模。

2.2.2 转炉炼钢预测模型的标准

转炉炼钢预测模型的标准如下：

（1）模型的精确性。精确度是指模型的计算结果和实际测量数值的接近程度。精确度通常用误差表示，不同的数学模型，对精度的要求也不同，需要根据具体的情况确定。对于转炉炼钢的预测模型，精确度主要体现在钢水终点成分和温度的预测误差。

（2）模型的简单实用性。模型不仅仅要求精确度，还必须简单。精确度和模型的复杂度通常情况下是成正比的，但是如果模型过于复杂，其数学模型的求解难度也会大大增加。因此，构建模型的过程中一个关键的环节就是要反映模型的本质，把非本质的、对反映客观真实程度影响不大的因素去除，使模型在保证一定精确度的条件下，尽可能地简单和可操作，且数据易于采集。

（3）模型的充分性和可控性。数学模型的一个最主要的功能就是要保证其能够真实地反映客观现象，且具有一定的代表性和外延性。对于转炉炼钢的预测模型，需要该模型与冶炼过程的实际情况相符，并且建模过程要遵循可推导原则，否则模型是毫无意义的；同时，还需要通过可靠的历史真实数据来验证模型的准确性。另外，模型中还应包含一个或多个可控变量，即能够控制其大小和变化方向的变量，否则该模型在实际应用中将无法使用。

2.2.3 转炉炼钢预测模型的性能指标

在建立转炉的数学模型以后，需要一些相关的指标来评价这个模型的好坏。模型的性能指标通常利用预测结果和实际结果的一些数学运算得到，最终得出结论。对于转炉炼钢的终点预测和控制模型的验证，本节将采用如下性能指标进行分析和评判：

$$\text{RMSE} = \sqrt{\frac{1}{n} \sum_{i=1}^{n} (y_i - \hat{y}_i)^2}$$

$$\text{MAE} = \frac{1}{n} \sum_{i=1}^{n} |y_i - \hat{y}_i|$$

$$\text{SSE/SST} = \frac{\sum_{i=1}^{n} (y_i - \hat{y}_i)^2}{\sum_{i=1}^{n} (y_i - \bar{y}_i)^2}$$

$$\text{SSR/SST} = \frac{\sum_{i=1}^{n} (\hat{y}_i - \bar{y}_i)^2}{\sum_{i=1}^{n} (y_i - \bar{y}_i)^2}$$

(2.1)

$$\text{HR} = \frac{|y_i - \hat{y}_i| \leq \text{设定误差的样本数量}}{n} \times 100\%$$

式中，n 代表测试样本的数量；y_i 表示测试样本的实际值；$\bar{y}_i$ 代表测试样本的平均值；$\hat{y}_i$ 表示模型的预测值。RMSE 表示均方根误差，MAE 表示平均绝对误差，这两个指标越小越好，上述指标越小说明模型的预测效果与实际值的误差越小；SSE/SST 体现的是模型逼近实际转炉系统的程度，该值越小，则说明模型的拟合程度越好，值得注意的是，如果 SSE/SST 非常小，则会出现过拟合现象，即模型已经失去了对验证数据的预测能力。SSR/SST 反映的是预测值的波动与样本实际值波动的同步程度，数值等于 1 说明两者的波动程度一致，数值太小或太大都会导致模型失去预测能力。HR 表示在特定误差容许限定范围（误差容限）内的终点碳含量或者终点温度的命中率，在实际生产中，转炉终点的碳含量或者温度的命中率越高越好。双命中率也是评价炼钢效果好坏的重要指标，即碳含量和温度同时命中的样本数量占全部样本数量的比例。

2.3 转炉冶炼过程的机理分析

转炉炼钢的数学模型需以炉内反应热力学和动力学为理论基础，借助物料平衡和热平衡理论、统计学方法或者其他数学方法进行建模。任何类型的转炉模型均需在深入了解转炉冶炼的内部机理的基础上，才能建立精度满足要求的数学模型。转炉冶炼过程中炉内的主要物理化学反应，如 Si、Mn、S、P、C 元素的氧化反应直接影响冶炼过程，同时，冶炼过程中所需的原材料也会影响冶炼过程，因此本节在分析上述影响因素的基础上，找出传统的热力学和动力学理论在转炉终点控制方面存在的主要问题，并给出解决方案。

2.3.1 硅的氧化反应对转炉冶炼过程的影响

2.3.1.1 硅的氧化反应热力学

在转炉的冶炼过程中，熔池内部的硅将会发生如下化学反应[2]：

$$[Si] + O_2 \Longrightarrow SiO_2 \qquad \Delta G^{\ominus} = -824470 + 219.42T \quad J/mol \tag{2.2}$$

$$[Si] + [O] \Longrightarrow SiO(g) \qquad \Delta G^{\ominus} = -97267 + 27.95T \quad J/mol \tag{2.3}$$

$$[Si] + 2[O] \Longrightarrow (SiO_2) \qquad \Delta G^{\ominus} = -594285 + 229.76T \quad J/mol \tag{2.4}$$

$$[Si] + 2(FeO) \Longrightarrow (SiO_2) + 2[Fe] \qquad \Delta G^{\ominus} = -386769 + 202.3T \quad J/mol \tag{2.5}$$

反应式（2.2）可以在铁液表面上形成高熔点 SiO_2 固体膜，阻碍 [Si] 氧化的继续进行；反应式（2.3）仅能发生在 1700℃ 高温的铁水液面上；在钢液-熔渣界面的主要为反应式（2.4）和式（2.5）。为了方便描述元素的热力学和动力学方程式，定义下列符号，见表 2.1。

表 2.1 热力学和动力学方程符号表

符号	含 义	单位	符号	含 义	单位
$K^{\ominus}$	平衡常数	—	a_D	成分 D 的活度	—
$x(D)$	熔渣中成分 D 的摩尔分数	%	γ_D	熔渣中成分 D 的活度系数	—
$w[D]$	钢液中成分 D 的质量分数	%	f_D	钢液中成分 D 的活度系数	—
A/V_m	单位体积钢液-熔渣界面面积	m^{-1}	β_D	成分 D 在钢液内的传质系数	m/s
$m_{(m)}$, $m_{(s)}$	钢液质量，熔渣质量	kg	k_D	成分 D 氧化反应的容量速率常数	s^{-1}
ρ_m, ρ_s	钢液密度，熔渣密度	kg/m^3	L_D	成分 D 的分配常数	—
$x_0(D)$	熔渣中成分 D 的初始摩尔分数	%	$w_平[D]$	达到平衡时钢液中成分 D 的质量分数	%

以反应式（2.5）为例，其分配常数可由下式得到：

$$[Si] + 2(FeO) \Longrightarrow (SiO_2) + 2[Fe] \qquad K^{\ominus} = \frac{a_{SiO_2}a_{Fe}^2}{a_{FeO}^2 a_{Si}} = \frac{\gamma_{SiO_2}x(SiO_2)}{w[Si]f_{Si}a_{FeO}^2} \tag{2.6}$$

$$L_{Si} = \frac{x(SiO_2)}{w[Si]} = K^{\ominus} f_{Si} \frac{a_{FeO}^2}{\gamma_{SiO_2}} \tag{2.7}$$

从式 (2.7) 可以看出，令 $f_{Si} = 1$，则硅的氧化反应主要取决于温度、渣中 FeO 的活度和碱度，所以，通过增大 $K^{\ominus}$、提高 a_{FeO} 及降低 γ_{SiO_2}，可增强硅的氧化能力。上述反应属于强放热反应，因此，在吹炼初期，由于硅的大量氧化，熔池温度迅速升高，在碱性渣的前提条件下，$a_{SiO_2} \approx 10^{-3}$，$w_{\Psi}[Si]$ 很小[2]。在吹炼末期，随着温度的进一步升高，由于 SiO_2 和 CaO 已经形成了稳定的化合物，γ_{SiO_2} 始终很小，使渣中的 SiO_2 难以还原。在酸性渣条件下，SiO_2 有可能发生还原反应。

2.3.1.2 硅的氧化反应动力学

从文献 [2] 可知，在转炉吹炼的初期，硅含量较高，其氧化速率受限于渣中 (FeO) 的传质，当 $w[Si] \leqslant 0.1\%$ 时，氧化速率则受限于钢液中的 [Si] 的传质。上述速率式可描述如下。

(1) 渣中 (FeO) 的传质

$$v_{Si} = -\frac{dw[Si]}{dt} = \beta_{FeO} \times \frac{28}{144} \times \frac{\rho_s}{\rho_m} \times \frac{A}{V_m} \times w(FeO) \qquad (2.8)$$

因为硅的氧化反应使得 $K^{\ominus}$ 很大，所以 $w_{\Psi}[Si] \approx 0$，故式 (2.8) 中的浓度差 $w[Si] - w_{\Psi}[Si] \approx w[Si]$。

(2) 钢液中的 [Si] 的传质

$$v_{Si} = -\frac{dw[Si]}{dt} = \beta_{Si} \times \frac{A}{V_m} \times w[Si] \qquad (2.9)$$

由于 $K^{\ominus}$ 很大，故 $w_{\Psi}(FeO) \approx 0$，因此式 (2.8) 中的浓度差 $w(FeO) - w_{\Psi}(FeO) \approx w(FeO)$。

通过上述分析可知，如果想提高 [Si] 的氧化速率，可通过提高搅拌能，进而增大 β_{Si} 和 A/V_m。由于转炉熔池的 $\beta_{Si} \times (A/V_m)$ 值比电炉熔池的值高了两个数量级，因此在转炉内 [Si] 氧化的平均浓度用时很短。为了使 [Si] 的氧化限制在传质范围内，可通过提高 [Si] 的分配常数解决。随着温度的升高，L_{Si} 会随之降低，同时溶体的黏度也随之降低，从而提高 β_{Si} 值，抵消温度对硅氧化的不利作用。

2.3.2 锰的氧化反应对转炉冶炼过程的影响

2.3.2.1 锰的氧化反应热力学

在转炉的冶炼过程中，熔池内部的硅将会发生如下化学反应[2]：

$$[Mn] + \frac{1}{2}O_2 = (MnO) \qquad \Delta G^{\ominus} = -361495 + 111.63T \quad J/mol$$

$$(2.10)$$

$$[Mn] + (FeO) = (MnO) + [Fe] \qquad \Delta G^{\ominus} = -123307 + 56.48T \quad J/mol$$

$$(2.11)$$

$$[\text{Mn}] + [\text{O}] \Longrightarrow (\text{MnO}) \quad \Delta G^{\ominus} = -244316 + 106.84T \quad \text{J/mol} \qquad (2.12)$$

反应式（2.10）形成的 MnO 是高熔点凝聚相，通常存在于铁液表面，阻碍氧化反应的进行；反应式（2.11）和式（2.12）发生在钢液-熔渣界面。由于 Fe 和 Mn 具有相近的氧亲和力，故通过氧化反应形成的 MnO 能和 FeO 形成共溶液，有利于氧化反应的进行。根据上述反应，可得到锰在钢液-熔渣间的平衡分配常数式，从而得到锰氧化的热力学条件，以 $[\text{Mn}] + (\text{FeO}) \Longrightarrow (\text{MnO}) + [\text{Fe}]$ 为例，可得到

$$K^{\ominus} = \frac{a_{\text{MnO}} a_{\text{Fe}}}{a_{\text{FeO}} a_{\text{Mn}}} = \frac{x(\text{MnO}) \gamma_{\text{MnO}}}{x(\text{FeO}) \gamma_{\text{FeO}} f_{\text{Mn}} w[\text{Mn}]} = \frac{w(\text{MnO}) \gamma_{\text{MnO}}}{w(\text{FeO}) \gamma_{\text{FeO}} f_{\text{Mn}} w[\text{Mn}]} \qquad (2.13)$$

式中，由于 Mn 与 Fe 及 MnO 与 FeO 分具有相近的摩尔质量，因此可得到下列关系：$w(\text{MnO})/w(\text{FeO}) = x(\text{MnO})/x(\text{FeO})$，可用质量分数替代摩尔质量。又因为 $a_{\text{Fe}} = 1$，在 FeO-MnO 渣系内有 $\gamma_{\text{MnO}}/\gamma_{\text{FeO}} = 1$。在实际应用中，如果采用碱性渣，当 $w(\text{CaO})/w(\text{SiO}_2) \geqslant 2$ 时，可得 $\gamma_{\text{MnO}}/\gamma_{\text{FeO}} \approx 1$（或<1），故得出

$$L_{\text{Mn}} = \frac{x(\text{MnO})}{w[\text{Mn}]} = K^{\ominus} \frac{x(\text{FeO}) \gamma_{\text{FeO}} f_{\text{Mn}}}{\gamma_{\text{MnO}}} \qquad (2.14)$$

式中，γ_{MnO} 和 γ_{FeO} 可通过渣系的等活度曲线得到。通过上式可以看出，降低温度（增大 $K^{\ominus}$），提高熔渣的氧化能力和降低 γ_{MnO}，有利于锰的氧化。在吹炼初期，锰仅次于硅，大量氧化；但是到了吹炼后期，随着温度的提高，$K^{\ominus}$ 随之减小，锰的氧化趋于平衡。同时，伴随着碳的氧化反应，熔渣中的（FeO）量也会降低，将会发生 MnO 的还原，使钢水存在一定的"残锰"，具体还原的锰量与温度、渣中 MnO、FeO 的浓度有关，可通过 L_{Mn} 计算得到。

2.3.2.2 锰的氧化反应动力学

锰氧化反应的速率式可由下式描述[2]：

$$v_{\text{Mn}} = -\frac{\mathrm{d}w[\text{Mn}]}{\mathrm{d}t} = \frac{k_{\text{Mn}} L_{\text{Mn}}}{k_{\text{Mn}}/k_{\text{MnO}} + L_{\text{Mn}}} \left\{ w[\text{Mn}] - \frac{w(\text{MnO})}{L_{\text{Mn}}} \right\} \qquad (2.15)$$

$$\ln \frac{w[\text{Mn}] - w_{\Psi}[\text{Mn}]}{w_0[\text{Mn}] - w_{\Psi}[\text{Mn}]} = -at \qquad (2.16)$$

式中，k_{Mn}、k_{MnO} 和 a 可由下式计算得到，L_{Mn} 可由式（2.14）计算得到。

$$k_{\text{Mn}} = \beta_{\text{Mn}} \times (A/V_{\text{m}}) \qquad (2.17)$$

$$k_{\text{MnO}} = \beta_{\text{MnO}} \times \frac{1}{M_{\text{MnO}}/M_{\text{Mn}}} \times \frac{A}{V_{\text{m}}} \times \frac{\rho_{\text{s}}}{\rho_{\text{m}}} \qquad (2.18)$$

$$a = k_{\text{Mn}} \left[L_{\text{Mn}(\%)} \times \frac{m_{(\text{s})}}{m_{(\text{m})}} + \frac{M_{\text{MnO}}}{M_{\text{Mn}}} \right] \Big/ \left[\left(\frac{k_{\text{Mn}}}{k_{\text{MnO}}} + L_{\text{Mn}(\%)} \right) \times \frac{m_{(\text{s})}}{m_{(\text{m})}} \right] \qquad (2.19)$$

从上式可看出，影响锰氧化速率的因素与硅类似，在此不予赘述。

2.3.3 钢水的脱磷过程分析

对于一般钢种，磷属于有害元素，通常在钢中最大允许的 $w[P]$ 在 $0.02\%\sim$ 0.05% 之间，而某些钢种的磷则要求在 $0.008\%\sim0.0015\%$ 之间。高炉炼铁过程很难进行脱磷处理，因此，铁矿石中的磷几乎全部进入生铁中。生铁中的磷要依靠氧化脱磷法在炼钢过程中完成，也可用 CaC_2 进行还原脱磷。在转炉炼钢过程中，氧化法是利用氧化剂将铁水中的 $[P]$ 氧化成 P_2O_5，再倒入能将降低磷活度系数的脱磷剂，形成稳定的复合化合物，而存于熔渣中。

2.3.3.1 脱磷反应热力学

在转炉的冶炼过程中，熔池内部的磷将会发生如下化学反应[2]：

$$4[P] + 5[O_2] = P_4O_{10}(g) \quad \Delta G^\ominus = -2651859 + 890.34T \text{ J/mol} \quad (2.20)$$

$$2[P] + 5[O] = P_2O_5(g) \quad \Delta G^\ominus = -742032 + 532.71T \text{ J/mol} \quad (2.21)$$

$$2[P] + 8(FeO) = (3FeO \cdot P_2O_5) + 5[Fe] \quad \Delta G^\ominus = -413575 + 245.46T \text{ J/mol} \quad (2.22)$$

$$2[P] + 8[O] + 3[Fe] = (3FeO \cdot P_2O_5) \quad \Delta G^\ominus = -1612177 + 595.47T \text{ J/mol} \quad (2.23)$$

反应式（2.20）和式（2.21）形成的 P_4O_{10} 和 P_2O_5 是气态，在冶炼过程中，气相磷化物的平衡分压非常低（$10^{-12}\sim10^{-25}$ Pa），其氧势接近于 0，所以它们在炼钢温度下不能形成。因为 $[P]$ 和 $[Fe]$ 同时氧化，所以脱磷主要是反应式（2.22）和式（2.23），形成 $3FeO \cdot P_2O_5$ 产物，但其稳定性较差，随着熔池的温度提高，尤其到了 1500℃ 以上的时候，很难稳定存在。可加入 CaO 等碱性氧化物，形成高温下稳定存在的含 P 复合化合物，降低其在熔渣中的 $\gamma_{P_2O_5}$（$10^{-14}\sim$ 10^{-18}）。故脱磷需要氧化剂和脱磷剂，把 $[P]$ 氧化成 P_2O_5，然后在渣中脱磷剂的作用下将其转化成稳定的化合物，溶解于渣中，常用的脱磷剂为 CaO，更为有效的是 BaO。

磷在熔渣中以磷氧络离子 PO_4^{3-} 存在，而 PO_4^{3-} 是通过 $[P]$ 被氧化成 P^{5+}，在熔渣界面极化 O^{2-} 形成的[2]：

$$2[P] + 2(Fe^{2+}) + 8(O^{2-}) = 2(PO_4^{3-}) + 5[Fe] \quad (2.24)$$

根据 $K^\ominus = a_{PO_4^{3-}}^2 / (a_P^2 a_{Fe^{2+}}^5 a_{O^{2-}}^8)$，可推导出如下磷分配常数 L_P：

$$L_P = \frac{x(PO_4^{3-})}{w[P]} = K^\ominus \frac{[x(Fe^{2+})]^{2.5} [x(O^{2-})]^4 \gamma_{Fe^{2+}}^{2.5} \gamma_{O^{2-}}^4 f_P}{\gamma_{PO_4^{3-}}} \quad (2.25)$$

由推导出的 L_P，可得出提高脱磷反应强度的因素如下：

（1）高 FeO 和高碱度是加强脱磷的必要条件。因为在此条件下，$[P]$ 可被强烈氧化，产生稳定的磷酸盐。随着渣中 $FeO(Fe^{2+} \cdot O^{2-})$ 活度的增加以及 $\gamma_{PO_4^{3-}}$ 的降低，L_P 增大。由于 Fe^{2+} 的极化力比 Ca^{2+} 的强，它趋向于 PO_4^{3-} 的周围，使之极化、变形和破坏，故纯 FeO 渣内，PO_4^{3-} 很难稳定存在，特别在高温下。加入 CaO 以及提高碱度，加入的 Ca^{2+} 能与 PO_4^{3-} 形成弱离子对，使 PO_4^{3-} 的稳定性升高，活度系数降低，而 O^{2-} 则和 Fe^{2+} 形成 $Fe^{2+} \cdot O^{2-}$ 对，提高 $FeO(Fe^{2+} \cdot O^{2-})$ 的活度及提供 O^{2-} 促进 PO_4^{3-} 的形成。但 Fe^{2+} 对脱磷的影响有两面性。一方面，随着 O^{2-} 参与脱磷的电化学反应形成 PO_4^{3-}；另一方面，又趋向于 PO_4^{3-} 周围，降低 PO_4^{3-} 的稳定性。如果利用 Ca^{2+} 代替部分 Fe^{2+} 时，可有效地消除这方面的影响。故渣中 $w(CaO)/w(FeO)$ 的比应合理的选取，才能获得较高的 L_P。一般炼钢炉渣的 $w(FeO)$ 为 14%~18%，碱度为 2.5~3.0。当 $w(CaO)/w(FeO)$ 的比值很大时，a_{FeO} 会降低，不仅使 [P] 的氧化变得困难，同时石灰也难以溶解，不能及时形成脱磷渣；反之，a_{CaO} 又会降低，不利于形成稳定的磷酸盐。

（2）脱磷反应属于强放热反应，随着温度的升高，$K^{\ominus}$ 值减小，故低温有利于脱磷，但在低温条件下，渣不易熔化，所以应该在有利于脱磷的温度下，利用其他有利于脱磷的因素来补偿高温对脱磷反应的不利影响。

（3）钢液中存在能提高磷活度系数的元素。

2.3.3.2 脱磷反应动力学

脱磷反应的速率式可由下式描述[2]：

$$v_P = -\frac{dw[P]}{dt} = \frac{k_m L_P}{k_m/k_s + L_P}\left\{w[P] - \frac{w(P_2O_5)}{L_P}\right\} \qquad (2.26)$$

铁液 [P] 传质限制环节的速率式可表示为：

$$v_P = k_m w[P] \qquad (2.27)$$

式中，$w[P] = w_0[P]e^{-k_m t}$。

熔渣（P_2O_5）传质限制环节的速率式可表示为：

$$v_P = k_s\{w[P]L_P - w(P_2O_5)\} \qquad (2.28)$$

因此，如果想提高脱磷的速率，调整熔渣中 $w(FeO)/w(CaO)$ 的比值在适当的范围内，提高 L_P。提高熔池的搅拌强度，可有效地使转炉炼钢时形成的钢液-熔渣-气体的乳化运动，可促进强烈的脱磷。

2.3.4 钢水的脱硫过程分析

钢水的脱硫是生产优质和高级优质钢的主要条件之一。一般情况下，钢种允许的 $w[S]$ 在 0.015%~0.045% 之间，优质钢的 $w[S]<0.02\%$ 或更低（易削钢种除外）。但生铁中的 $w[S]$ 通常在 0.05%~0.08% 范围内，远高于钢种指标要求，因此，脱硫是炼钢过程中的一项重要任务。

2.3.4.1 脱硫反应热力学

从离子理论可知，脱硫反应可由下式描述[2]：

$$[S] + [Fe] \rightleftharpoons (S^{2-}) + (Fe^{2+}) \tag{2.29}$$

$$[S] + (O^{2-}) \rightleftharpoons (S^{2-}) + [O] \tag{2.30}$$

$$L_{S(2.29)} = \frac{x(S^{2-})}{w[S]} = K^{\ominus}\frac{f_S}{\gamma_{Fe^{2+}}\gamma_{S^{2-}}x(Fe^{2+})} \tag{2.31}$$

$$L_{S(2.30)} = \frac{x(S^{2-})}{w[S]} = K^{\ominus}\frac{x(O^{2-})\gamma_{O^{2-}}f_S}{w[O]f_O\gamma_{S^{2-}}} \tag{2.32}$$

根据完全离子溶液模型法和用硫容量计算法，可分别推导出反应式 (2.29) 和式 (2.30) 的硫平衡常数如下：

$$L_{S(2.29)} = \frac{w(S)}{w[S]} = 32K^{\ominus}\frac{\sum n(B^+)\sum n(B^-)f_S}{n(FeO)\gamma_{Fe^{2+}}\gamma_{S^{2-}}} \tag{2.33}$$

$$L_{S(2.30)} = \frac{w(S)}{w[S]} = K^{\ominus}\frac{a_{O^{2-}}}{\gamma_{S^{2-}}}\times\frac{f_S}{w[O]}\times 32\sum n(B^-) \tag{2.34}$$

式中，$\sum n(B^+)$ 和 $\sum n(B^-)$ 分别表示正离子和负离子的物质的量的总和。

从上述结果，可得出影响脱硫反应的因素如下：

(1) 低 FeO 和高碱度有利于脱硫。提高碱度，可使 $a_{O^{2-}}$ 增大，$\gamma_{S^{2-}}$ 降低，进而提高 L_S，尽管所有碱性氧化物均能提供脱硫所需的 O^{2-}，但 Ca^{2+} 带入的 O^{2-} 作用最大。此外，碱度的提高也可使 $\sum n(B^+)$ 和 $\sum n(B^-)$ 增大，使 $\gamma_{Fe^{2+}}\gamma_{S^{2-}}$ 的数值变小，从而提高 L_S。FeO 带入的 Fe^{2+} 和 O^{2-} 对脱硫起反作用。O^{2-} 浓度的增加，使 L_S 变大，但 Fe^{2+} 浓度的增加，会使 L_S 变小，所以 (FeO) 的浓度低时，才能获得较大的 L_S。

(2) 熔池中的 Si、C 等元素能提高 f_S，使 [S] 易向钢液-熔渣界面转移。但在转炉炼钢的过程中，这些元素的浓度远低于高炉炼铁过程中的数值，生铁液的 f_S 比钢液的 f_S 大，故生铁液的硫比钢液的硫更容易除去。

(3) 脱硫是吸热反应，高温条件有利于脱硫，而且在高温条件下，石灰的溶解能够加快，熔渣的流动性也会提高，获得高碱度的炉渣，有利于脱硫的动力学条件。

2.3.4.2　脱硫反应动力学

脱硫反应的速率式可由下式描述[2]：

$$v_S = -\frac{dw[S]}{dt} = k_s\{w[S]L_S - w(S)\} \tag{2.35}$$

根据硫的质量平衡关系式可知：

$$w[S] = w_0(S) + \frac{w_0[S] - w[S]}{m_{(s)}/m_{(m)}} \tag{2.36}$$

式中，$w_0[S]$ 和 $w_0(S)$ 分别表示钢水及熔渣的初始硫的质量分数，%。

将式（2.36）代入式（2.35）可得

$$v_S = -\frac{dw[S]}{dt} = k_s \left\{ \left[L_S + \frac{m_{(m)}}{m_{(s)}} \right] w[S] - \left[w_0[S] + w_0[S] \times \frac{m_{(m)}}{m_{(s)}} \right] \right\}$$

(2.37)

式中，$k_s = \beta_S \times (A/V_m) \times (\rho_S/\rho_m)$。将式（2.36）积分可得

$$\ln \frac{w[S] - w_\mp[S]}{w_0[S] - w_\mp[S]} = -at$$

(2.38)

根据式（2.38）进而得到

$$w[S] = (w_0[S] - w_\mp[S]) \exp(-at) + w_\mp[S]$$

(2.39)

式中，

$$a = \beta_S \times (A/V_m) \times (\rho_S/\rho_m) \times [L_S + (m_{(m)}/m_{(s)})]$$

$$b = \beta_S \times (A/V_m) \times (\rho_S/\rho_m) \times [w_0(S) + w_0(S)(m_{(m)}/m_{(s)})]$$

$$w_\mp[S] = b/a = [w_0(S) + w_0(S) \times (m_{(m)}/m_{(s)})] / [L_S + (m_{(m)}/m_{(s)})]$$

在上式中，β_S、A/V_m 和 L_S 等可视为常数。从上述速率式分析可知，脱硫速率的影响因素可由下述函数描述：

$$v_S = f\left(L_S, \frac{dR}{dt}, R, T, \frac{A}{V_m} \right)$$

(2.40)

其中，熔渣的碱度 R 及碱度提高速率 dR/dt 起很大作用，它们基本呈现线性关系。通常情况下，加强熔池的搅拌可有效提高 β_S、A/V_m 和 L_S 的数值。在氧气顶吹转炉中，其 $\beta_S(A/V_m)$ 值很大，因此脱硫速率也很快，在吹炼初期的前 5min，脱硫速度可达 0.002%/min。

2.3.5 碳的氧化反应对转炉冶炼过程的影响

碳的氧化反应，即脱碳反应是转炉炼钢冶炼中的主要反应，其目的是除去铁水中的碳。由于生铁中的碳含量较多，转炉的冶炼时间和生产率主要取决于碳氧化的速率。此外，在转炉的冶炼阶段，脱碳反应具有十分重要的作用，该反应可进一步加速其他反应的进行，导致该现象的原因主要体现于一点，即碳的氧化反应可生产二氧化碳、一氧化碳等氧化物质，然而，相比于金属溶体的体积，氧化反应所生成一氧化碳的体积相对更大。譬如，当反应条件设为 1550℃ 时，氧化 $w[C] = 0.1\%$ 的碳，即可生成大量的一氧化碳，而该物质的生成体积远大于金属溶体的体积。由于氧化反应所生成的一氧化碳属于气体，因此，当该气体通过熔池时，可充当"搅拌器"，用于对熔池内物质的搅拌，从而提高整体的传质传热效果。

2.3.5.1 脱碳反应热力学

溶解于铁水中的 [C] 可与氧发生多种反应，由文献 [2] 的分析可知，在

转炉炼钢的脱碳反应中，主要研究如下 3 个反应[2]：

$$[C] + \frac{1}{2}O_2 \rightleftharpoons CO \qquad \Delta G^{\ominus} = -136900 - 43.51T \quad J/mol$$

$$(2.41)$$

$$[C] + (FeO) \rightleftharpoons [Fe] + CO \quad \Delta G^{\ominus} = 98799 - 90.76T \quad J/mol \qquad (2.42)$$

$$[C] + [O] \rightleftharpoons CO \qquad \Delta G^{\ominus} = -22364 - 39.63T \quad J/mol \qquad (2.43)$$

上述反应中，对反应式 (2.43) 的研究最多，因为它能确定冶炼后期钢水的平衡氧浓度。根据反应式 (2.43)，可得

$$K^{\ominus} = \frac{p_{CO}}{a_c a_0} = \frac{p_{CO}}{w[C] \cdot w[O]} \times \frac{1}{f_c f_0} \qquad (2.44)$$

反应的产物 CO 呈气泡状，从钢水中上浮放出，达到平衡时，气泡所受的外压等于气泡内 CO 的 p_{CO}。只有当 p_{CO} 大于外压时，脱碳反应在可进行。式 (2.44) 也可改写为

$$\lg \frac{w[C] \cdot w[O]}{p_{CO}} = -\lg K^{\ominus} - \lg f_c f_0 \qquad (2.45)$$

其中

$$\lg f_C = e_C^C w[C] + e_C^O w[O] \approx e_C^C w[C]$$

$$\lg f_0 = e_0^O w[O] + e_0^C w[C] \approx e_0^C w[C]$$

式中，e_Y^X 表示元素 X 和 Y 之间的活度相互作用系数。

由于 $w[O]$ 远小于 $w[C]$，故可忽略 [O] 对 [C] 及 [O] 活度系数的影响。随着 $w[C]$ 的增大，因为 [C] 对亨利定律成正偏差，故 f_C 也随之增大，而 f_0 却随之减小，因为 [O] 对 [C] 的作用变强，即两者呈反方向规律变化，但两者的乘积的变化却很小，且接近于 1，即 $f_C f_0 \approx 1$。所以式 (2.45) 可改写成

$$\zeta = \frac{1}{K^{\ominus}} = \frac{w[C] \cdot w[O]}{p_{CO}} \qquad (2.46)$$

根据相关学者在 1600℃ 条件下的测定结果可知，$K^{\ominus} = 318.4 \sim 497$。因此，可计算出 $p_{CO}^* = 100$kPa 的 $\zeta = w[C] \cdot w[O]$ 位于 $0.002 \sim 0.003$ 之间，通常情况下取 $\zeta = 0.0025$，称其为碳氧积，该值适用于炼钢温度在 $1550 \sim 1620$℃ 的范围内。但该值会受到 CO 分压的影响，由式 (2.45) 可知，碳氧积随 p_{CO} 的减小而降低，因此在真空条件下，钢水的碳和氧浓度可进一步降低。

在炼钢冶炼过程中，由于熔池内部不同位置的 p_{CO} 各不相同，因此脱碳反应可从以下 3 个方面进行分析：

(1) 熔池内部的脱碳反应在进行时，只有当形成的 CO 气泡的 p_{CO} 不小于所受外压时，才能形成气泡。如果不考虑气泡中的 H_2 和 N_2 的分压时，气泡内的 p_{CO} 可由下式表示：

$$p_{CO}^* \geqslant p_{(g)}^* + (\delta_m \rho_m + \delta_s \rho_s)g + 2\sigma/r \qquad (2.47)$$

式中,p_{CO}^* 为气泡内的分压或与之平衡的外压,Pa;$p_{(g)}^*$ 为炉气的压力,Pa;δ_m、δ_s 分别表示钢液层和熔渣层的厚度,m;ρ_m、ρ_s 分别表示钢液和熔渣的密度,kg/m³;g 为重力加速度,9.81m/s²;σ 为钢液的表明张力,N/m;r 为气泡的半径,m。

当气泡的半径 $r \geqslant 10^{-3}$m,而 $2\sigma/r = 2600$Pa 时,$\delta_s < 0.15$m,$\delta_s \rho_s g < 4500$Pa,这两项远小于 $p_{(g)}$,所以式(2.47)可简化为

$$p_{CO} = 1 + \delta_m \rho_m g \times 10^{-5} \qquad (2.48)$$

进而可得

$$w[C] \cdot w[O] = \zeta p_{CO} = 0.0025(1 + \delta_m \rho_m g \times 10^{-5}) \qquad (2.49)$$

或

$$w_{\text{平}}[O] = \frac{\zeta p_{CO}}{w[C]} = \frac{0.0025(1 + \delta_m \rho_m g \times 10^{-5})}{w[C]} \qquad (2.50)$$

因此,碳氧积或 $w_{\text{平}}[O]$ 和 $w[C]$ 及气泡所受的外压相关,外压越大,则 $w_{\text{平}}[O]$ 越大。炉底处的 τ_m(深度)最大,故此处的钢液的平衡氧浓度也最大。熔池内部的碳氧积或 $w_{\text{平}}[O]$ 随熔池深度减小而降低。在钢液和熔渣的接触界面上,$w_{\text{平}}[O]$ 最低,接近由 $\zeta = 0.0025$ 计算出的数值。

(2)在钢液表面,CO 在表面形成的气泡表面是平的,其半径 $r \to \infty$,使得 $2\sigma/r \to 0$,$\delta_m = 0$,而 $\delta_s \rho_s g$ 数值较小,所以得到 $p_{CO}^* \geqslant p_{(g)}^*$。在这种情况下,外压下降得越多,$w_{\text{平}}[O]$ 越低,表面脱碳的比例也越大。因此,保存钢液有较小的深度,有利于降低 $w_{\text{平}}[O]$。

(3)当金属以液滴或铁珠的形式从熔池中进入熔渣或炉气中时,由于铁珠位于 CO 气泡内,其曲率半径小于零,因此 $2\sigma/r$ 也小于零,则 $p_{CO}^* \geqslant p_{(g)}^* - 2\sigma/r$。此时,液滴表面 CO 气泡形成时所受的外压减小,脱碳反应易于达到平衡,而且还可超过平衡。但液滴内部产生的 CO 气泡的 $p_{CO}^* \geqslant p_{(g)}^* + 2\sigma/r$,导致 CO 气泡在液滴内膨胀,而气相的压力和液滴的表面张力则使之收缩。随着脱碳的进行,内压大于外压,液滴爆炸,分裂成许多小液滴,使脱碳加快,有利于降低 $w_{\text{平}}[O]$。

综上所述,提高温度,采用真空,加大钢液-气体界面,减小钢液层的深度以及钢液面无渣或少渣,都可加强脱碳反应的进行。

2.3.5.2 脱碳反应动力学

A 临界碳量以上的脱碳速率

该阶段的脱碳速率主要受渣中(FeO)或钢液中 [O] 的传质所限制。故可用钢液中 [O] 的传质速率式表示脱碳反应的速率式,即 $v_C = v_O$[2]:

$$\begin{cases} v_C = -\dfrac{dn[C]}{dt} = -V_m\dfrac{dc[C]}{dt} = -V_m\dfrac{d}{dt}\left\{\dfrac{w[C]}{100} \times \dfrac{\rho_m}{12}\right\} \\ v_O = -\dfrac{dn[O]}{dt} = -V_m\dfrac{dc[O]}{dt} = -V_m\dfrac{d}{dt}\left\{\dfrac{w[O]}{100} \times \dfrac{\rho_m}{16}\right\} \end{cases} \tag{2.51}$$

由上式可得

$$v_C = -\frac{dw[C]}{dt} = -\frac{12}{16}\frac{dw[O]}{dt} \tag{2.52}$$

氧的反应过程主要取决于三个环节：(FeO) 的传质、界面反应 (FeO) ══ [O] + [Fe] 和 [O] 的传质。其中界面反应的速率最高，传氧过程的限制环节是 [O] 在钢水中的传质，由此可得

$$v_O = -\frac{dw[O]}{dt} = \frac{k_m L_{O(\%)}\gamma_{FeO}}{1 + (k_m/k_s)L_{O(\%)}\gamma_{FeO}} \times \left\{w(FeO) - \frac{w[O]}{L_{O(\%)}\gamma_{FeO}}\right\} \tag{2.53}$$

式中，$k_m = \beta_0 \times (A/V_m)$；$k_s = \beta_{FeO} \times (A/V_m) \times (\rho_s/\rho_m) \times (M_O/M_{FeO})$；$L_{O(\%)}$ 可由 $\lg L_{O(\%)} = -(6320/T) + 0.734$ 求得。将式 (2.53) 代入式 (2.52) 得到

$$v_C = -\frac{dw[C]}{dt} = \frac{12}{16} \times \frac{k_m L_{O(\%)}\gamma_{FeO}}{1 + (k_m/k_s)L_{O(\%)}\gamma_{FeO}} \times \left\{w(FeO) - \frac{w[O]}{L_{O(\%)}\gamma_{FeO}}\right\} \tag{2.54}$$

根据式 (2.54)，可确定脱碳过程的限制环节：

(1) 当 $(k_m/k_s)L_{O(\%)}\gamma_{FeO} \ll 1$ 时，钢液中 [O] 的传质成为限制环节的速率式为

$$v_C = \frac{12}{16} \times k_m \times \left\{w(FeO)L_{O(\%)}\gamma_{FeO} - w[O]\right\} \tag{2.55}$$

(2) 当 $(k_m/k_s)L_{O(\%)}\gamma_{FeO} \gg 1$ 时，渣中 (FeO) 的传质成为限制环节的速率式为

$$v_C = \frac{12}{16} \times k_s \times \left\{w(FeO) - \frac{w[O]}{L_{O(\%)}\gamma_{FeO}}\right\} \tag{2.56}$$

因此，在碳浓度较高时，影响脱碳速率的因素为供氧强度（渣中 FeO 的活度）及熔池的搅拌强度 $\beta \times (A/V_m)$，而与 $w[C]$ 无关。不同的炼钢方式有不同的脱碳速率。对于氧气顶吹转炉，其脱碳速率为 0.2 ~ 0.4%/min。因为熔池形成了钢液-熔渣-气体的乳化系，$\beta \times (A/V_m)$ 值很高。提高供氧强度的方式可采用添加铁矿石解决，但值得注意的是，加入的铁矿石会降低熔池的温度，所以铁矿石的使用受熔池供热制度限制。

B 临界碳量以下的脱碳速率

由于该阶段的碳含量低，[C] 向反应界面的传质量远小于 [O] 的传质量，进入熔池内的氧除部分氧化碳之外，主要作用是增加熔渣和钢液中的氧浓度。该

阶段的脱碳速率可由 [C] 的传质量表示[2]:

$$v_C = \beta_C \times \frac{A}{V_m} \times \left\{ w[C] - \frac{p_{CO}}{K^{\ominus} w[O]} \right\} \tag{2.57}$$

式中,$p_{CO}/(K^{\ominus} w[O]) = w_{\text{平}}[C]$。

从上式可看出,随着 $w[C]$ 的降低,碳向反应界面传质的驱动力减小,导致脱碳速率进一步降低。CO 的析出量减小,导致 CO 的排出量减慢,熔池的搅拌强度降低,而浓度边界层的厚度增加,进而使碳的传质进一步减小,此时脱碳速率变得非常缓慢,同时铁的氧化又加大,使脱碳任务变得更加困难。因此,采用一般炼钢方法冶炼超低碳钢($w[C] \leqslant 0.02\%$)很难实现。可通过采用真空操作或吹入氩气等措施,来降低 p_{CO},以提高低碳下的脱碳速率。

2.3.6 氧枪操作和造渣工艺对冶炼过程的影响

2.3.6.1 氧枪操作对冶炼过程的影响

氧枪主要用于供氧,其主要由喷头、枪身和尾部三个部分组成。氧枪的喷头具有多种形状,然而,现阶段使用率较高的是多孔的拉瓦尔型喷头。该种类型的氧枪喷头具有特定的优势,能够获得较为稳定的超音速射流,从而将氧气的压力基于特定的方式转变为动能。

变化枪位可在一定程度上对穿透深度和冲击面积均起到调节作用。当喷头固定,氧气流量保持特定数值不变时,若适当地降低枪位,则穿透深度将在一定范围内有所增加,同时,冲击面积也将在一定范围内有所减小。在氧气射流和熔池相遇处,熔池的搅拌会在一定程度上消耗射流动能,而消耗比例可达 20%,然而,多数动能的消耗并非对应于熔池的搅拌,由于非弹性碰撞的存在,多数动能均消耗于此过程的能量损失,消耗比例可达 70%~80%。此外,由于射流的推进力也需要消耗一定的动能,因此,剩余动能的消耗均用于此。进入熔池的高速氧枪射流具有一定的氧化作用,可氧化射流四周坑穴中的金属表面层,同时,该射流还可进一步氧化金属液滴表面层,最终得到氧化产物 Fe_2O_3。此过程中,液滴是熔池内氧气的基本载体。在熔池内,载氧液滴处于不断的往复运动中,可经由二次氧化反应将氧传给金属。在高枪位条件下,射流的穿透深度较小,熔池搅拌力度较小,炉渣具有比较强的氧化性;在低枪位条件下,炉渣内的氧气含量较低,因此,炉渣具有较低的氧化性。

现阶段,有多种方式可实现对吹炼过程的控制,其中,最重要的一种方式是变动枪位,通过枪位的不同来影响穿透深度,同时,还可在一定程度上对冲击面积产生影响,因此,变动枪位可对渣中 FeO 的含量进行合理的控制,并可基于实际情况对去除杂质的速度进行适当调整。基于下述因素,可确定具体枪位。

(1)吹炼前期,因氧气的存在,Si 与其发生快速氧化反应,从而生成 SiO_2,

因此，渣中具有浓度较高的 SiO_2，而此时的熔池温度不高。要求将石灰快速熔化，从而使炉渣整体呈现出碱性，碱度维持于 1.5~1.7 的范围内。通常情况下，若温度适宜，则会增添一定量的助溶剂，同时，还会运用较高的枪位，从而确保渣内 $\sum(FeO)$ 维持在相对稳定的水平，并保持于 25%~30% 的范围内。

（2）吹炼中期，氧气全部用于发生碳的氧化反应，同时，渣内的 FeO 主要用于参与脱碳反应，因此，$\sum(FeO)$ 会在一定范围内有所降低，因而导致渣的熔点呈现出持续上升的情况。当渣中 $\sum(FeO)$ 减小至一定值时，将对磷等化学物质的去除产生一定的影响，严重情况下，可导致回磷现象的发生。鉴于此，为了做好防范工作，枪位的控制应使渣中 $\sum(FeO)$ 含量保持在 10%~15% 的范围内。

（3）吹炼后期，应基于特定的方式与手段对炉渣的氧化性做出调整，并对其流动性进行适当的调整，同时，磷等化学物质的去除工作还应继续保持，从而做到对终点的精确掌控。当中期炉渣"返干"现象比较严重时，后期应做出一定的调整，即在一定范围内提枪化渣，当与终点较为接近时，再予以降枪，从而提高熔池的搅拌力度，使熔池内的温度处于相对稳定的状态，并保持熔池内成分不变，同时，使终渣 $\sum(FeO)$ 含量在一定范围内有所降低，增大金属的收得率。

除此之外，若熔池较深，渣层较厚，吹炼时，熔池面将具有更大幅度的上涨，因此，为了尽可能规避喷溅现象的发生，枪位应做出适当的提升；铁水中，若具有含量较多的磷、硫等化学物质时，或石灰质量差、加入量较大时，因渣量增大使熔池液面显著上升，给化渣工作带来一定的难度，因此，枪位应在现有基础上，进行适当的提升；在铁水中，若具有较少的磷、硫等化学物质，并无过多渣料增添，使用"软烧"石灰时，化渣时应在现有基础上，适当地降低枪位。

2.3.6.2 造渣工艺对冶炼过程的影响

吹炼过程中，熔池内的温度和成分均在不断变化，因此，炉渣的物化性质也并不固定。若炉渣成分的变化沿着最佳途径进行，炉渣将具有较为优良的流动性，喷溅程度也将降至最低，同时，此种情况下，炉渣内的反应能力也将在一定程度上有所增强。氧气转炉吹炼的炉渣中，对炉渣物化性质具有较高影响的物质共涉及三种，其总量在炉渣中占比高达 75%~80%，这三种物质依次是 CaO、SiO_2 和 $\sum(FeO)$。此外，炉渣内还有其他氧化物的存在，譬如 MgO、P_2O_5 和 MnO 等，而这三种物质的性质又分别类似于上述三种物质，故而，可以 CaO-FeO-SiO_2 三元相图为基准，基于特定的方法与手段对吹炼阶段的成渣途径展开深入研究。

对渣中 $\sum(FeO)$ 含量的调整有多种方式，譬如，对氧枪进行合理的设计，并精确控制枪位等。吹炼时，为了确保炉渣内的 $\sum(FeO)$ 含量维持在合理的范围内，可采用一系列有利措施，譬如，适当地加入氧化铁皮、铁矿石等，从而加速石灰的溶解速度；吹炼前期，若适当地增添化渣材料，则在一定程度上有利于初期渣的形成，吹炼中期，若适当增添化渣材料，则可较好地预防炉渣"返干"现象的发生。若加入石灰的时间较早，则十分容易导致石灰截团现象的产生，从而降低石灰与液态炉渣的接触面积，进而对石灰在炉渣内溶解速度产生不利影响。因此，在生产过程中，应分批次、定时、定量地加入石灰。

炉渣的一个重要动力学性质是黏度。冶炼过程中，造成渣黏的主要原因是炉渣的熔点和当时熔池的温度接近，同时炉渣的液相线高于熔池温度，会导致炉渣特别黏稠。所以，为了降低炉渣熔点，从而达到增强炉渣内流动性的目的，应提高炉渣内 FeO 和 Al_2O_3 等化学成分的含量。为使炉的寿命在一定程度上有所延长，可增添白云石等材料，从而使终渣的黏度有所增加。当停吹时，由于炉衬内粘有一定量的终渣，因此，可在一定程度上增加转炉的寿命。

在顶吹氧气转炉吹炼阶段，钢液-熔渣乳浊液的产生具有一定的益处，其可在一定程度上促进钢液与熔渣间的传质。转炉熔池中，除了钢液-熔渣乳浊液的存在，还存有 CO 气泡等其他物质，正因如此，转炉熔池内可形成一定量的泡沫渣。若泡沫很少时，气泡将无法对传热和传质产生不利影响；通常情况下，若炉渣 $\sum(FeO)$ 较高，同时，熔池内具有较低的温度时，则十分容易产生泡沫渣。泡沫渣是由炉渣内气泡与气泡之间的液体渣膜组成的。影响炉渣泡沫化程度的因素众多，譬如，CaF_2、FeO 等物质可显著提升炉渣的泡沫化程度，而 MnO 则可在一定程度上降低炉渣的泡沫化程度。

碱度对炉渣泡沫化会产生很大影响。当碱度增加时，泡沫化程度将随之增加，然而，当碱度增加至 1.5~1.7 范围内时，泡沫化程度将随之呈现出下降趋势。通常而言，若炉渣具有较低的温度，或较高的黏度，则均可适当提高泡沫渣的稳定性。而对泡沫渣进行合理性控制时，应注意以下几点：

（1）当炉渣泡沫化严重时，为了达到压制泡沫的目的，可采取短时间提枪的措施，由于该过程中氧气射流具有一定的冲击力，以此为契机，能够达到冲击泡沫，使其碎裂的目的，同时，该操作可在一定程度上减少喷溅现象的发生。

（2）针对炉渣，为了规避过分泡沫化现象的发生，当铁水具有较低的温度时，便需要低枪提温，随着时间的推移，温度将不断升高，待温度升高至一定值时，继而提枪化渣。

（3）向炉渣内增添铁矿石等物质时，为了规避熔池内温度骤降现象的发生，应对加入量进行严格把控。若炉渣内加入的铁矿石量较多，则应适当减小氧压。

（4）采用软烧石灰，能在一定程度上减小 $\sum(FeO)$ 含量，同时，确保炉渣具有良好的流动性，使泡沫化程度减小。

（5）随着铁水含硅量的降低，可减少渣量，也可减轻泡沫渣的危害。

2.3.7 基于机理的转炉冶炼过程的终点预测模型分析

本节主要讨论和分析基于炉内反应热力学和动力学的机理模型在转炉炼钢终点计算中的适用性问题。通过热力学计算，可以确定反应的方向及达到平衡时各元素的限度，但在实际炼钢过程中，钢水达到终点时元素间化学反应均处于不平衡的状态，因此，热力学模型并不适用于转炉终点温度和成分的计算。

基于热力学理论，依靠物料平衡和热平衡理论进行建模，可计算出钢水的终点温度及成分等信息，指导生产。它能反应转炉冶炼过程的物料和热平衡的本质，模型的可解释性强，泛化性能好，可适用于各种型号的氧气转炉的终点预测。但该模型的建模需要对某些参数和条件进行假设和简化，这会导致计算过程与实际现场的工况条件不匹配，影响模型的精度。

文献 [3] 利用物料平衡和热平衡理论，结合福建三明钢厂的 ML08AL 钢的现场实际数据，构建了转炉终点温度预测模型。建模过程中，对熔池中的氧化产物做出了如下假设：

(1) 熔池中 C 元素氧化时，90%氧化成 CO，10%氧化成 CO_2；

(2) 熔池中 S 元素氧化时，1/3 氧化成 SO_2，2/3 氧化成 CaS。

在终渣重量的计算环节，假设矿石、炉衬中的 FeO、Fe_2O_3 都还原成 Fe。在计算炼钢吹炼过程中的热平衡时，做出如下假设：

(1) 炉内的废钢、渣料以及氧气等材料的初始温度都按冷料温度计算；

(2) 烟尘、炉气的终点温度为 1450℃；

(3) 钢水的终点温度等于炉渣的终点温度；

(4) 铁水渣和溅渣层渣的初始温度为 1560℃。

在上述假设条件下，给出了转炉冶炼过程中的热收入和热支出的计算公式，其中热收入包括铁水的物理热、成分的氧化热和成渣热、烟尘的氧化热以及炉衬中 C 的氧化放热。热支出包括钢水的物理热、炉渣的物理热、烟尘和炉气的物理热、渣中铁珠的物理热、喷溅物的物理热、矿石的分解热、热损失，以及冷却剂的吸热。利用热收入和热支出的计算公式，最终得到转炉终点温度的计算公式，并对 100 个炉次进行了预测，实验结果表明，该模型的预测精度很低，达不到实际应用的要求。导致这个问题的主要原因如下：

(1) 转炉的吹炼过程非常复杂，尽管有转炉反应热力学和动力学的理论基础，但是转炉内部的全部机理并未完全被人们所认知，因此在物理平衡和热平衡的计算中需借助大量假设条件和简化处理。

(2) 不同转炉的实际工况条件也各不相同，假设中的很多条件未必满足每一炉次，比如 C 元素转化成 CO 和 CO_2 的比例在不同工况下必然不是一个固定值；另外初始温度的设定单一，对于实际的转炉的冶炼过程，随着炉龄的增长，炉衬的变化，以及氧枪的老化等问题也会对初始温度产生一定的影响，这些因素并不能在机理模型中体现，这也是导致模型误差较大的重要因素。

反应动力学模型通过导出各反应的速率式，找出反应的限制性环节，可分析出各因素对速率式的影响，以此方式提高实际现场的生产效率，但由于推导速率式的过程与实际炼钢过程还是存在较大差异，所以，动力学模型的计算结果与实际值的误差也存在较大偏差，其原因主要体现在以下两个方面：

（1）由于在转炉的吹炼过程中，枪位变化使钢液的穿透深度和冲击面积随之变化等，导致钢液-熔渣的界面面积 A/V_m 的值不断变化，影响各元素的化学反应速度，在实际吹炼过程中，该值也很难测定，因此影响动力学模型的计算精度。

（2）泡沫渣的形成状态对各元素的化学反应动力学模型计算也有很大影响，泡沫化程度、泡沫渣中钢液与熔渣的分布状态和粒度大小、熔渣的熔化程度等直接影响化学反应的传质系数 β，也影响 A/V_m 的数值，而转炉冶炼过程中，这些数值不能直接测得，只能采用一些近似值，这势必会影响模型的计算精度。

从上述分析可以看出，影响转炉冶炼过程中氧化反应速率式的因素众多，其中传质系数、钢液-熔渣的界面面积，以及现场的操作因素等对转炉冶炼过程影响大。由于这些因素随时间变化，且难以准确获取，导致计算结果与实际结果的误差较大，这也是转炉炼钢终点控制问题中的重点和难点。

综上所述，无论是转炉炼钢的热力学模型还是动力学模型，在计算各炉次的终点成分方面，模型的预测误差较大，仅靠热力学和动力学模型建立的终点预测模型精度较低，不能满足实际应用的需求，因此，需要采用更为有效的方法建立转炉炼钢的数学模型，为实际现场提供指导。随着炼钢冶炼的智能化和自动化迅猛发展，大量的炼钢数据都被存储下来，利用实际现场的冶炼数据，给基于智能方法的转炉炼钢的数学建模提供了可能。因为现场的冶炼数据是在相应的炉龄和氧枪状况条件下采集得到，这些数据可以反映出该工况条件下的冶炼情况，因此，可以利用智能方法并结合实际数据，回归出转炉炼钢冶炼过程的数学模型，它能更好地解决炉内反应热力学和动力学模型中存在的问题。从第1章的分析可以发现，神经网络在转炉炼钢中的应用受到人们越来越多的关注[4-11]。由于训练的数据中记录了历史炉次的冶炼信息，包括铁水信息、吹氧量、各原材料加入量、钢水成分和温度等，而转炉的冶炼过程可以看成一个复杂非线性系统，所以可以利用神经网络逼近非线性函数的能力，结合转炉的冶炼数据，通过对数据的训练，即调整网络的权值和阈值，最终得到转炉冶炼过程的数学模型。该模型通过神经网络构建出钢水终点信息与其影响因素之间的非线性关系，这样无须关心冶炼过程中各物理化学反应情况，仅利用已知的转炉冶炼信息建模，便可对未来炉次的终点信息进行预测。但上述模型存在的主要问题是在寻找最优权值和阈值的过程中，容易陷入局部最小值，这会导致模型的精度难以保证。作为另一种具有非线性函数逼近能力的算法，支持向量机算法以统计学理论中的 VC 维理论和结构风险最小原则为基础，利用有限的样本信息，在模型的复杂度和学习能力之间找到最佳的匹配度，其建模过程不同于神经网络，支持向量机的目标函数是一个二次规划问题，所以该问题必然存在全局最优解，且模型的泛化能力也优于神经网络模型[12]。随着孪生支持向量机算法的提出，使模型的建模效率和精度得到进一步提升，并适用于分类问题[13]和回归问题[14]的研究。从上述分析可以看出，正是由于孪生支持向量机在建立预测模型方面具备独特的优势，且转炉炼钢的终点预测问题属于回归问题的范畴，因此本书采用孪生支持向量机算法，结合现场的实际生产的数据，实际数据能够反映目标转炉在当前工况下的炼钢效果，所以建立的转炉数据的回归模型，既可以解决转炉炼钢终点成分的预测问题，有效地避免了机理模型中的很多假设条件，又能使模型能更适用于目标炼钢厂的实际生产。

2.4 本章小结

本章首先论述了氧气转炉炼钢法的工艺流程和制度，包括装入制度、供氧制度、造渣制度、温度制度和终点制度，然后描述了转炉炼钢预测模型的建模过程、标准和性能指标。最后讨论了转炉冶炼过程中的炉内的主要元素的氧化反应对冶炼过程的影响，分析了传统的机理预测模型存在的主要问题，并给出如下解决方案：采用孪生支持向量机在预测方面的建模效率和精度高的优势，结合实际现场的历史数据，通过机理分析，提取出数据中的有效信息，确定转炉炼钢预测模型的输入和输出，最终建立模型输入和输出之间的数学关系，即得到转炉炼钢冶炼过程的预测模型。根据转炉炼钢的工艺流程和控制策略，在预测模型的基础上，可实现转炉炼钢的静态控制、动态控制和自动控制。

参 考 文 献

[1] 闫博. 转炉炼钢智能控制方法的研究 [D]. 沈阳：东北大学，2005.
[2] 黄希祜. 钢铁冶金原理 [M]. 3 版. 北京：冶金工业出版社，2011.
[3] 黄亚娟. 转炉炼钢终点温度预报模型的研究 [D]. 沈阳：东北大学，2012.
[4] 汪宙. 转炉冶炼中高碳钢过程及终点控制研究 [D]. 北京：北京科技大学，2016.
[5] 孙永涛，吴永刚，秦波. 基于 IPSO 优化 BP 的转炉炼钢终点预测研究 [J]. 内蒙古科技与经济，2017 (19)：71-73.
[6] 祁子怡，高坤，赵宝芳，等. 基于 RBF 神经网络在转炉炼钢终点预报中的应用研究 [J]. 无线互联科技，2017 (4)：106-107，129.
[7] 朱亚萍，王文龙，徐生林. 基于量子微粒群的 BPNN 在转炉炼钢静态模型中的应用 [J].

机电工程，2011，28（5）：598-600.

［8］ 李长荣，赵浩文，谢祥，等．基于 L-M 算法 BP 神经网络的转炉炼钢终点磷含量预报
［J］．钢铁，2011，46（4）：23-25，30.

［9］ 温宏愿，赵琦，陈延如，等．基于炉口辐射和改进神经网络的转炉终点预测模型［J］．
光学学报，2008（11）：2131-2135.

［10］ 谢书明，孙凯，陈昌．基于 RBF 神经网络的转炉炼钢终点预报［J］．沈阳工业大学学
报，2006（4）：405-408.

［11］ 谢书明，陈昌，丁惜瀛．基于 BP 神经网络的转炉炼钢终点预报［J］．沈阳工业大学学
报，2007（6）：707-710.

［12］ Cortes C，Vapnik V N. Support vector networks［J］. Machine Learning，1995，20（3）：
273-297.

［13］ Jayadeva K R，Suresh C. Twin support vector machines for pattern classification［J］. IEEE
Transactions on Pattern Analysis and Machine Intelligence，2007，29（5）：905-910.

［14］ Peng X J. TSVR：An efficient twin support vector machine for regression［J］. Neural Networks，
2010，23（3）：365-372.

3 转炉炼钢的终点静态预测模型

在转炉炼钢的实际生产过程中,伴随着非常复杂的物理化学反应,这给该过程的数学建模带来了很大难度。随着计算机技术和智能技术的快速发展,为建立转炉炼钢的数学建模提供了良好的条件。基于智能技术的转炉炼钢预测模型,无须关心转炉内部的反应过程,通过实际生产数据直接建立转炉模型输入和输出之间的关系,而且预测模型对于后续实现转炉炼钢的终点控制也具有非常重要的作用,因此本章主要研究熔池碳含量和温度的终点预测模型。从转炉终点预测模型研究的相关文献可以看出,基于智能方法的转炉模型研究是转炉炼钢终点预测的发展趋势,神经网络是建立转炉预测模型的主要方法,但是采用神经网络建模的最大弊端是局部最小值问题,导致模型参数不唯一,使得建模难度增大,而且如果样本数量过少,建模效果难以保证。相比之下,孪生支持向量机(TSVR)通过求解二次规划问题,获得回归模型,由于二次规划问题是一个凸问题,所以该问题必然存在全局最优解,避免了局部最小的问题。同时,该模型比采用传统的SVR模型在运算效率上也得到了很大的提升,所以,利用转炉的历史冶炼数据,通过机理分析,确定影响转炉终点信息的影响因素,可以建立基于TSVR的转炉炼钢终点静态预测模型。尽管TSVR模型能够传统模型中存在的问题,但是其在建模过程中的目标函数并未考虑各个样本之间的权重问题,模型的泛化性能有限。针对这个问题,本章结合小波变换理论,首先对TSVR算法进行了改进,提高了算法的建模效率和泛化性能,最后利用改进的算法建立了转炉终点预测模型,取得了较高的终点命中率,满足实际生产的需要。

3.1 概 述

转炉炼钢已经成为我国炼钢生产的主要方式,钢水的终点控制是生产过程中的重要环节,控制效果的好坏将直接影响钢种的质量。为了更好地实现终点控制,可借助静态或者动态模型技术协助生产。由于中、小型钢厂的条件限制,导致转炉无法采用副枪测量技术,无法发挥动态模型的效果,而静态模型则是一个很好的选择,尽管该模型在精度等方面略逊于基于副枪技术的动态模型,但是静态模型具有投资省、见效快等优点,而且在建立动态模型之前,必须建立该转炉的静态模型,静态模型的好坏也会直接影响副枪测量时间的选择及动态模型的实际效果，因此，对静态模型进行深入研究是非常必要的，并拥有非常广阔的应用前景，是实现转炉动态控制技术、提高全自动炼钢水平的重要一环。所以，利用历史炉次的工艺过程样本，建立转炉的静态预测和控制模型，并指导转炉的实际生产，这对于提高我国转炉的工艺和管理水平，是一种实用、可行的技术方法。

近些年来，转炉炼钢预测模型的相关研究已经取得很多成果[1-6]。高精度的转炉炼钢静态预测模型起着非常重要的作用，它不仅仅是建立静态控制模型的前提，也能够为动态控制模型的精度提供有力保障。Xu 等人[1]根据转炉火焰信息，建立了基于支持向量机的转炉终点预测模型，Shao 等人[2]根据火焰辐射建立了基于混合支持向量机的转炉终点预测模型，Wang 等人[3]建立了转炉炼钢的多元线性回归模型，Han 等人[4,5]分别提出了基于膜算法进化极限学习机和基于案例推理的转炉炼钢终点预测模型，Fileti 等人[6]提出了基于神经网络的转炉终点预测模型，以上成果采用统计方法和智能方法对转炉进行数学建模，且取得了良好的效果。孪生支持向量机作为一种新的智能算法，能够根据实际的工业生产样本，并通过样本中数据之间的关联性分析，最终建立相关应用的预测模型。与神经网络算法相比，由于孪生支持向量机的建模过程通过求解二次规划问题完成，二次规划问题的最大优点就是必然存在全局最优解，因此很好地解决了神经网络算法中存在的易于陷入局部最小值的问题；传统的支持向量机通过求解一个大的二次规划问题得到回归模型，而孪生支持向量机求解的是两个小的二次规划，这样大大降低了建模运算量，所以具有更高的运算效率，且在建模精度方面也有一定的提升。为了进一步提高孪生支持向量机的建模精度和效率，一些学者提出了改进措施[18-33]。通过研究现有的改进算法发现，很少有算法考虑样本之间权重的问题，因为在建模过程中不同样本的预测值与实际值的误差大小会对模型产生一定的影响，因此本章针对这个问题，通过引入小波变换的思想，赋予每个样本不同的权重，提出了一种基于小波权重的孪生支持向量机的建模方法，该方法不仅很好地避免了神经网络建模过程中易于陷入局部最小值的问题，而且在性能上也优于传统的支持向量机方法，更合适建立转炉炼钢的预测模型。结合转炉历史炉次的现场数据，完成了转炉炼钢的静态预测模型的数学建模，实现了对钢水终点碳含量和终点温度的预测，预测模型具有较高的精度，可指导转炉炼钢的实际生产。

3.2 转炉冶炼过程的机理分析确定预测模型变量

氧气顶吹转炉炼钢工艺的优点是冶炼速度快、投资少等。根据配料要求，首先将废钢等装入炉中，然后倒入铁水，并加入适量的造渣材料（如石灰、白云石等）。装料后，将氧枪从炉顶插入炉中，吹入氧气（纯度高于99%的高压氧气流），使其直接与铁水反应以去除杂质。用氧气代替空气的优点是可以克服空气中氮的影响导致钢脆化的缺陷，以及氮造成的热损失。在除去大部分硫和磷之后，当钢水的成分和温度满足要求时，停止吹炼，提升喷枪，准备出钢。出钢时，炉体倾斜，钢水从出钢口倒入钢包，加入脱氧剂脱氧，调整成分。钢水合格后，进行精炼处理和连铸。炼钢过程可以概括为"四脱"（脱碳、氧、磷和硫）、"二去"（去气和去夹杂）和"两调整"（调整温度和成分）。最终目标是获得具有满意温度和成分的钢水[36]。因此，为了建立精度满足要求的转炉炼钢静态预测模型，有必要分析冶炼的机理，即通过研究炼钢过程中的化学反应过程的化学反应和炼钢过程中使用的原材料，最终确定影响钢水温度和各成分的因素，并将这些变量作为预测模型的输入变量。

3.2.1 转炉炼钢终点的影响因素分析

3.2.1.1 硅的氧化反应

通过分析此反应情况可知，温度、炉渣的成分、炉气氧气压等都会对反应过程产生一定的影响。在此过程中硅氧化会释放出一定的热量，在炼钢的初期，受到硅氧化的影响，熔池温度也会明显提升，且进入碳氧化阶段。而在脱氧期间，受到氧化放热的影响，温度也会有一定幅度的提高。由此可见，铁水中的硅含量对钢水的终点碳含量和温度有一定影响，故在建立转炉模型过程中，需考虑硅含量这个影响因素。

3.2.1.2 锰的氧化和还原反应

锰的氧化也是炼钢的重要反应之一。锰可以提高钢的淬透性和耐磨性。在转炉炼钢中，脱氧和合金化通常根据钢级对锰含量的要求和钢中"残（余）锰"的量来进行。像硅的氧化一样，锰氧化会也受到温度和炉渣成分等因素的影响。在此反应过程中，脱碳反应很激烈时，炉渣中氧化铁的含量也会明显地降低，温度随之升高。在温度升高后，还原出来的锰量也会增加，导致余锰量升高。因而熔池的温度可通过余锰量进行估算。所以，铁水中的锰含量也是影响转炉终点碳含量和温度的重要因素之一。

3.2.1.3 碳的氧化反应

在炼钢过程中，碳氧化反应起着重要的作用，不仅能够实现脱碳，也具有如下功能：有效地扩大钢渣界面，促进非金属夹杂物的上浮，且加快了反应的速度，同时也提高了反应的温度。在吹氧炼钢期间，金属液中的一部分碳在反应区内被气体氧化，大部分碳与溶解在金属液中的氧进行氧化反应，还有一部分与渣中氧化铁反应，生成一氧化碳。上述反应是冶炼过程中的重要反应，因此，铁水中的碳含量是建模过程中需要考虑的重要指标。

3.2.1.4 钢液的脱磷

钢水的脱磷也是炼钢中的一个主要过程，脱磷反应是一个强放热反应，在低温下更有利于脱磷，但是低温不利于化渣，影响动力学条件，因此，适当的熔池温度对脱磷至关重要。炉渣中的有效氧化钙含量对脱磷效果有很大影响，碱度越高，脱磷效果越好，但过高的碱度会造成炉渣变黏，影响流动性，所以碱度控制在一定范围内，保证脱磷效果。

3.2.1.5 钢液的脱硫

钢液—熔渣间的脱硫反应过程中需要吸收一定的热量，在温度高情况下相应的反应效果更好，在温度提高后，石灰的溶解性也有所提高，进一步分析可知，炉渣碱度高，则脱硫的难度也会降低，不过如果碱度过高，会导致炉渣黏度增加，影响脱硫效果。此外氧化铁含量高也会影响脱硫效果，当炉渣碱度高、流动性差时，氧化铁对熔渣有一定帮助。从上述分析可知，冶炼过程中的脱磷和脱硫是炼钢的重要任务，所以铁水中的磷和硫含量是建立转炉数学模型要考虑的重要因素。

3.2.1.6 转炉冶炼过程的主要原材料

原材料是炼钢的基础，其质量也会明显地影响到炼钢水平，总体上可划分为金属料、非金属料和气体，以下对其影响情况具体分析。

A 金属料

在转炉生产过程中，铁水的占比最高，一般情况下可达到装入量的 70%~100%。其热量为炼钢过程中的反应提供支持。为满足要求，需要入炉铁水的化学成分与温度满足一定要求。我国炼钢技术过程规定铁水的温度高于 1250℃，且硫含量（质量分数）不超过 0.05%。同时，要相对稳定。废钢也是转炉炼钢中常用的原材料，其装入的比例一般是总装入量的 10%~30%。

B 非金属料

在碱性转炉炼钢过程中，通常采用石灰造渣，对脱磷和脱硫有着重要的应用，用量很大，且质量会影响成品质量和炉衬寿命。一般情况下，要求生石灰 CaO 含量高、活性度高、SiO_2 和 S 含量低，同时还应保持清洁和干燥。

白云石经焙烧后可得到轻烧白云石。氧气转炉也可采用轻烧白云石代替部分石灰造渣。该原料能够减轻炉渣对炉衬的侵蚀、有利于提高炉衬寿命，MgO 含量小于 6% 有利于化渣。溅渣护炉操作时，通过加入适量的轻烧白云石，出钢前渣中的 MgO 含量达到一定值，使终渣能够做黏，出钢后达到溅渣的要求。

C 氧化剂

氧气是转炉炼钢的主要氧化剂，其纯度达到或超过 99.5%。氧气压力要稳定，并脱除水分。炼钢用的氧气一般由公司内附设的制氧厂供应，用管道输送。氧气的使用压力一般在 0.6~1.2MPa 范围内，因此，为了保证炼钢使用的氧压，并考虑输送氧过程的压头损失，必须有专门的储氧装置，把氧气加压到 2.5~3.0MPa。

3.2.2 转炉炼钢静态预测模型的输入输出变量

从转炉炼钢的主要化学反应和炼钢原材料可以看出，炼钢是一个极其复杂的过程，很难用数学表达式完全描述，因此，可以利用第 2 章提到的黑箱模型，把转炉冶炼过程看成一个黑箱模型，利用转炉的历史冶炼数据，找到模型的输入与输出之间因果关系，这样并不需要了解反应的具体过程，进而达到逼近实际炼钢过程的效果。所以，模型输入变量的选取质量直接决定了模型逼近的精度。

从炼钢机理的过程描述可以发现，模型的输出变量是钢液的终点碳含量和温度，它们是衡量出钢质量好坏的重要指标。对于模型的输入变量，铁水和废钢是转炉炼钢的主要原材料，它们的加入量及铁水中的碳含量和铁水温度势必对钢液的终点信息产生一定的影响；氧气是转炉炼钢的主要氧化剂，在氧化的过程中放出大量的热量，可使炉内达到足够高的温度，而且碳氧反应是贯穿于整个炼钢过程的一个主要反应，所以氧气吹入量也是模型要考虑的变量之一；同时，铁水中的硅和锰的氧化和还原反应影响氧气的吹入量，因此，硅和锰的含量也要考虑它们对终点的影响；脱磷、脱硫过程需要通过加入石灰和白云石实现，这个过程决定了造渣的质量，所以铁水中磷和硫的含量，以及石灰和白云石的加入量也对钢液的终点信息也会造成一定的影响。

综上所述，可以确定转炉静态预测模型的输入变量为：铁水加入量、铁水温度、铁水碳含量、废钢加入量、石灰加入量、白云石加入量、总吹氧量、铁水中硅、锰、硫、磷的含量。确定了模型的输入和输出变量后，可以选用合适的算法并结合历史数据，建立转炉的数学模型。智能方法的转炉建模是近些年的一个研究热点，通常采用神经网络对转炉模型进行逼近，但是采用神经网络建模的最大弊端是局部最小值问题，导致模型参数不唯一，使建模难度增大，而且如果样本数量过少，建模效果难以保证。为了解决这个问题，本书采用孪生支持向量机算法，通过求解二次规划问题，获得回归模型，由于二次规划问题是一个凸问题，因此该问题必然存在全局最优解，避免了局部最小的问题。

3.3 孪生支持向量机及其理论基础

1995 年，Vapnik 等人[7]提出了支持向量机（support vector machine，SVM）算法。该算法基于结构风险最小化原则，并且适合小样本训练。与人工神经网络相比[8,9]，SVM 很好地解决了人工神经网络中存在的局部最小值问题，同时，在高维问题中，表现也优于人工神经网络。因此，该方法具有更好的泛化性，并在语音和图像处理等多个领域中广泛应用[10-13]，取得了较好的效果。

尽管传统的 SVM 方法的学习性能优于神经网络，但是算法的运算量还有进一步提升的空间，因此，Jayadeva 等人[14]提出了孪生支持向量机（twin support vector machines，TWSVM），使得训练效率大大提高。传统的 SVM 方法通过寻找一个平面，实现两类样本的分类，而 TWSVM 寻找的两个分类超平面，使每一个超平面靠近平面内的某一类样本，而远离另一类样本。从目标函数的角度看，SVM 求解一个二次规划问题，所有样本都参与运算，而 TWSVM 则求解两个二次规划问题，每个二次规划问题只有该类样本参与运算，以此达到减少运算量，提高运算效率的作用。这使 TWSVM 在语音识别[15]和医学检测[16]等领域得到了广泛的应用。

无论是 SVM 还是 TWSVM，主要应用于数据的分类问题。2010 年，在 TWSVM 的基础上，Peng 提出了孪生支持向量回归机（twin support vector regression，TSVR）[17]，将该方法应用于回归问题。TSVR 需要寻找一对超平面，分别确定目标回归函数的不敏感上界和下界，这个过程可通过求解一对较小规模的二次规划问题（quadratic programming problem，QPP），每个 QPP 所含约束条件的数目比传统 SVR 减少一半，同时，TSVR 的对偶问题中没有等式约束条件，大大提高了训练速度。相比之下，TSVR 在对偶空间求解两个带有不等式约束的 QPP，在处理数量较大的样本时会占有更长的处理时间和更大内存空间。同年，Peng 又提出了一种在原空间求解 QPPs 的 TSVR 算法（STSVR）[18]。STSVR 并不是按照传统的求解方式对目标函数进行处理，而是直接在原始空间求解，进而提高了算法的训练效率。2011 年，Singh 等人[19]引入矩阵内核的概念，提出了一种简化孪生支持向量回归机学习算法。2012 年，Xu 等人[20]提出了加权孪生支持向量回归机学习算法，对每个样本预测误差赋予不同的权重，以增强 TSVR 的回归性能。同年，Chen 等人[21]引入 Sigmoid 积分函数，提出了光滑孪生支持向量回归机学习算法，把目标函数转换成无约束优化问题，并用牛顿方法求解相应的模型。2012 年，Zhong 等人采用线性规划的方法来求解 TSVR 的二次规划问题，取得了很好的效果[22]。同年，为了提高 TSVR 求解异方差结构噪声的能力，Peng[23]提出了一种孪生参数化不敏感支持向量回归机，该算法在求解异方差噪声的数据有独特的优势。2013 年，Shao 等人[24]修正 TSVR 的目标函数，使之遵循结构风险最小化原则，提出了改进的 TSVR。同年，Balasundaram 等人[25]为了避免矩阵奇异性，提出了一种基于拉格朗日的 TSVR。2014 年，Xu 等人[26]借鉴了 K 最近邻的思想，提出了一种基于 K 最近邻权重的 TSVR。2016 年，Rastogi 等人[27]将不敏感参数引入目标函数中作为一个优化指标，提出了 v-TSVR。同年，Tanveer、Parastalooi、Ye 和 Khemchandani 等人[28-31]分别对 TSVR 算法进行改进，提高了算法性能。2017 年，Gupta 提出了一种无约束的 K 最近邻权重的 TSVR[32]，在原始解空间对目标函数进行求解，提高运算速度，同年，Xu 等人[33]提出了不对称的 v-TSVR。以上研究成果很好的说明了，TSVR 具有 SVR 没有的优点，如将该方法进一步推广和应用，将会有效地改善系统的性能。但是，从目前已取得的这些成果来看，迄今为止尚未找到将 TSVR 应用到转炉炼钢终点预测的理论成果。因此，作为一种有效的回归算法，延续 TSVR 在转炉炼钢终点预测和控制应用的研究是非常有意义的。

3.3.1　支持向量机算法

目前，支持向量机已在分类（SVM）和回归（SVR）两方面问题中得到成功应用，本文主要研究 SVR 算法以及其在转炉炼钢中的应用问题。假设某一训练集 $(\boldsymbol{x}_1, y_1)$, …, $(\boldsymbol{x}_l, y_l)$。令 $\boldsymbol{A} = [\boldsymbol{x}_1, \cdots, \boldsymbol{x}_l]^{\mathrm{T}} \in R^{l \times n}$ 为输入训练样本，$\boldsymbol{y} = [y_1, \cdots, y_l]^{\mathrm{T}} \in R^l$ 为输出训练样本。SVR 通过找到一个函数 $y = f(\boldsymbol{x})$ 来描述上述的输入输出之间的关系。为了减少模型的风险误差，可选择合适的损失函数。Vapnik 等人采用了 ε 不敏感损失函数作为 SVR 的损失函数，其表达式为

$$|y - f(x)|_\varepsilon = \max\{0, |y - f(x)| - \varepsilon\} \tag{3.1}$$

引入 ε 不敏感损失函数，主要为了形成一个不敏感区，在该区域的样本将不计量其风险。对于线性情况，利用上述损失函数，寻找一个参数对 $(\boldsymbol{\omega}, b)$ 使得函数

$$f(\boldsymbol{x}) = \boldsymbol{\omega}^{\mathrm{T}} \boldsymbol{x} + b \tag{3.2}$$

和实际的目标值之间误差尽可能的小，其中，$\boldsymbol{\omega} \in R^n$ 是法向量，$b \in R$ 是偏置。同时，使它尽可能的光滑，即使 $\|\boldsymbol{\omega}\|^2$ 最小。还要考虑某些超出拟合误差的样本问题，可通过加入松弛因子 $\boldsymbol{\xi}, \boldsymbol{\xi}^*$ 解决，则线性 SVR 可表示为下述优化问题：

$$\min \frac{1}{2}\|\boldsymbol{\omega}\|^2 + C\boldsymbol{e}^{\mathrm{T}}(\boldsymbol{\xi} + \boldsymbol{\xi}^*)$$

s. t.
$$\boldsymbol{y} - (\boldsymbol{A}\boldsymbol{\omega} + b\boldsymbol{e}) \leq \varepsilon\boldsymbol{e} + \boldsymbol{\xi}, \ \boldsymbol{\xi} \geq 0$$
$$(\boldsymbol{A}\boldsymbol{\omega} + b\boldsymbol{e}) - \boldsymbol{y} \leq \varepsilon\boldsymbol{e} + \boldsymbol{\xi}^*, \ \boldsymbol{\xi}^* \geq 0 \tag{3.3}$$

式中，$C > 0$ 称为惩罚因子，用于调整函数 $f(\boldsymbol{x})$ 的光滑性与允许超过 ε 范围的误差之和的作用，$\boldsymbol{e} = [1, \cdots, 1]^{\mathrm{T}}$ 是适当维度的 1 向量。

对于非线性情况，可通过 $\varphi: \boldsymbol{R}^n \rightarrow H$ 这个非线性映射，将训练数据映射到一个高维线性特征空间 H，然后在高维空间中进行回归。所以，该线性回归函数可由下式描述：

$$f(\boldsymbol{x}) = \boldsymbol{\omega}^{\mathrm{T}}\varphi(\boldsymbol{x}) + b \tag{3.4}$$

非线性 SVR 的数学模型可归结为如下优化问题：

$$\min \frac{1}{2}\|\boldsymbol{\omega}\|^2 + C\boldsymbol{e}^{\mathrm{T}}(\boldsymbol{\xi} + \boldsymbol{\xi}^*)$$

s. t.
$$\boldsymbol{y} - [\varphi(\boldsymbol{A})\boldsymbol{\omega} + b\boldsymbol{e}] \leq \varepsilon\boldsymbol{e} + \boldsymbol{\xi}, \ \boldsymbol{\xi} \geq 0$$
$$[\varphi(\boldsymbol{A})\boldsymbol{\omega} + b\boldsymbol{e}] - \boldsymbol{y} \leq \varepsilon\boldsymbol{e} + \boldsymbol{\xi}^*, \ \boldsymbol{\xi}^* \geq 0 \tag{3.5}$$

式中，$\varphi(A) = (\varphi(A_1)，\varphi(A_2)，\cdots，\varphi(A_l))$。一种直观的非线性 SVR 的几何解释如图 3.1 所示。由于式（3.3）和式（3.5）带有不等式约束条件，通常情况下，采用将其转化为对偶问题进行求解。

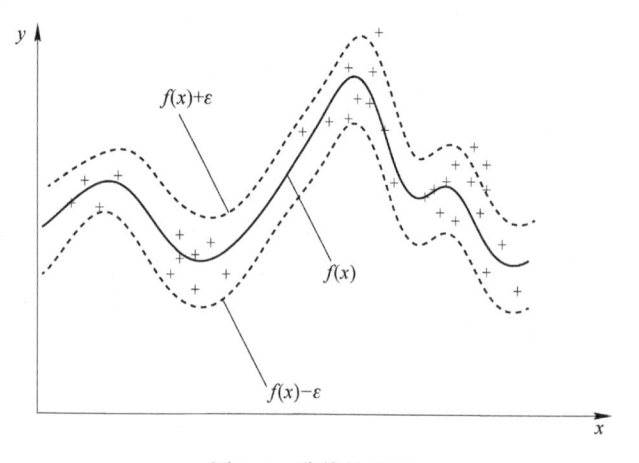

图 3.1　非线性 SVR

3.3.2　孪生支持向量机算法

针对传统 SVR 的训练速度问题，在 2010 年，Peng 在提出了一种新的回归算法，称为孪生支持向量回归机（twin support vector regression，TSVR），TSVR 算法的运算量小于 SVR 方法。因为 SVR 求解的是一个大的二次规划问题（quadratic programming problem，QPP），而 TSVR 则是求解两个小的 QPPs，经论证，在数据量相同的情况下，TSVR 的运算效率优于 SVR。TSVR 通过在训练数据两侧寻找两个不同的函数，以此确定出回归函数的 ε 不敏感上界和下界。

对于非线性情况，如果 $K(\cdots，\cdots)$ 为一个非线性核函数，则令 $K(A，A^{\mathrm{T}})$ 为一个 l 维核矩阵，其中第 (i, j) 个元素 $(i, j = 1, 2, \cdots, l)$ 定义如下：

$$[K(A，A^{\mathrm{T}})]_{i, j} = K(\boldsymbol{x}_i，\boldsymbol{x}_j) = (\boldsymbol{\Psi}(\boldsymbol{x}_i) \cdot \boldsymbol{\Psi}(\boldsymbol{x}_j)) \subset R \qquad (3.6)$$

式中，$K(\boldsymbol{x}_i，\boldsymbol{x}_j)$ 表示高维特征空间中的非线性映射函数 $\boldsymbol{\Psi}(\boldsymbol{x}_i)$ 和 $\boldsymbol{\Psi}(\boldsymbol{x}_j)$ 的内积。

本书中的核函数采用的是高斯核函数，其表达式如下：

$$K(\boldsymbol{x}，\boldsymbol{x}_i) = \exp\left(-\frac{\|\boldsymbol{x} - \boldsymbol{x}_i\|^2}{2\sigma^2}\right) \qquad (3.7)$$

式中，σ 是核函数的宽度。令 $K(\boldsymbol{x}^{\mathrm{T}}，A^{\mathrm{T}}) = (K(\boldsymbol{x}，\boldsymbol{x}_1)，K(\boldsymbol{x}，\boldsymbol{x}_2)，\cdots，K(\boldsymbol{x}，\boldsymbol{x}_l))$ 为一个 l 维行向量，则一对不平行的估计函数可分别表示为 $f_1(\boldsymbol{x}) = K(\boldsymbol{x}^{\mathrm{T}}，A^{\mathrm{T}})\boldsymbol{\omega}_1 + b_1$ 和 $f_2(x) = K(\boldsymbol{x}^{\mathrm{T}}，A^{\mathrm{T}})\boldsymbol{\omega}_2 + b_2$，其中 $\boldsymbol{\omega}_1，\boldsymbol{\omega}_2 \in R^l$ 是法向量，$b_1，b_2 \in R$ 为偏置。因此，最终的回归函数可由下式表示：

$$f(\boldsymbol{x}) = \frac{1}{2}[f_1(\boldsymbol{x}) + f_2(\boldsymbol{x})] = \frac{1}{2}K(\boldsymbol{x}^\mathrm{T},\ \boldsymbol{A}^\mathrm{T})(\boldsymbol{\omega}_1 + \boldsymbol{\omega}_2) + \frac{1}{2}(b_1 + b_2) \quad (3.8)$$

非线性 TSVR 几何解释如图 3.2 所示, 其目标函数有如下描述:

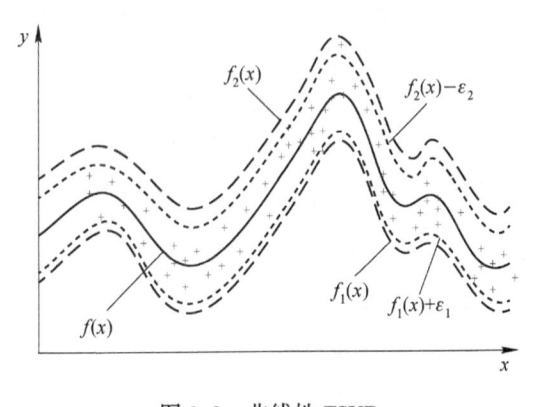

图 3.2 非线性 TSVR

$$\min_{\boldsymbol{\omega}_1,b_1,\boldsymbol{\xi}} \frac{1}{2}\|\boldsymbol{y} - \varepsilon_1\boldsymbol{e} - [K(\boldsymbol{A},\ \boldsymbol{A}^\mathrm{T})\boldsymbol{\omega}_1 + b_1\boldsymbol{e}]\|^2 + c_1\boldsymbol{e}^\mathrm{T}\boldsymbol{\xi}$$

s. t.
$$\boldsymbol{y} - [K(\boldsymbol{A},\ \boldsymbol{A}^\mathrm{T})\boldsymbol{\omega}_1 + b_1\boldsymbol{e}] \geqslant \varepsilon_1\boldsymbol{e} - \boldsymbol{\xi},\ \boldsymbol{\xi} \geqslant 0\boldsymbol{e} \quad (3.9)$$

$$\min_{\boldsymbol{\omega}_2,b_2,\boldsymbol{\xi}^*} \frac{1}{2}\|\boldsymbol{y} + \varepsilon_2\boldsymbol{e} - [K(\boldsymbol{A},\ \boldsymbol{A}^\mathrm{T})\boldsymbol{\omega}_2 + b_2\boldsymbol{e}]\|^2 + c_2\boldsymbol{e}^\mathrm{T}\boldsymbol{\xi}^*$$

s. t.
$$K(\boldsymbol{A},\ \boldsymbol{A}^\mathrm{T})\boldsymbol{\omega}_2 + b_2\boldsymbol{e} - \boldsymbol{y} \geqslant \varepsilon_2\boldsymbol{e} - \boldsymbol{\xi}^*,\ \boldsymbol{\xi}^* \geqslant 0\boldsymbol{e} \quad (3.10)$$

通过引入拉格朗日函数和 KKT (Karush-Kuhn-Tucker) 条件, 可得到式 (3.9)和式 (3.10)的对偶问题:

$$\max_{\boldsymbol{\alpha}} -\frac{1}{2}\boldsymbol{\alpha}^\mathrm{T}\boldsymbol{G}(\boldsymbol{G}^\mathrm{T}\boldsymbol{G})^{-1}\boldsymbol{G}^\mathrm{T}\boldsymbol{\alpha} + \boldsymbol{g}^\mathrm{T}\boldsymbol{G}(\boldsymbol{G}^\mathrm{T}\boldsymbol{G})^{-1}\boldsymbol{G}^\mathrm{T}\boldsymbol{\alpha} - \boldsymbol{g}^\mathrm{T}\boldsymbol{\alpha}$$

s. t.
$$0\boldsymbol{e} \leqslant \boldsymbol{\alpha} \leqslant c_1\boldsymbol{e} \quad (3.11)$$

$$\max_{\boldsymbol{\beta}} -\frac{1}{2}\boldsymbol{\beta}^\mathrm{T}\boldsymbol{G}(\boldsymbol{G}^\mathrm{T}\boldsymbol{G})^{-1}\boldsymbol{G}^\mathrm{T}\boldsymbol{\beta} - \boldsymbol{h}^\mathrm{T}\boldsymbol{G}(\boldsymbol{G}^\mathrm{T}\boldsymbol{G})^{-1}\boldsymbol{G}^\mathrm{T}\boldsymbol{\beta} + \boldsymbol{h}^\mathrm{T}\boldsymbol{\beta}$$

s. t.
$$0\boldsymbol{e} \leqslant \boldsymbol{\beta} \leqslant c_2\boldsymbol{e} \quad (3.12)$$

式中, $\boldsymbol{G} = [K(\boldsymbol{A},\ \boldsymbol{A}^\mathrm{T}),\ \boldsymbol{e}]$; $\boldsymbol{g} = \boldsymbol{y} - \varepsilon_1\boldsymbol{e}$ 以及 $\boldsymbol{h} = \boldsymbol{y} + \varepsilon_2\boldsymbol{e}$。求解上式可以求出 $\boldsymbol{\alpha}$ 和 $\boldsymbol{\beta}$, 进而根据下式可计算出 $\boldsymbol{\omega}_1$, b_1 和 $\boldsymbol{\omega}_2$, b_2:

$$\begin{bmatrix} \boldsymbol{\omega}_1 \\ b_1 \end{bmatrix} = (\boldsymbol{G}^\mathrm{T}\boldsymbol{G})^{-1}\boldsymbol{G}^\mathrm{T}(\boldsymbol{g} - \boldsymbol{\alpha}) \quad (3.13)$$

$$\begin{bmatrix} \boldsymbol{\omega}_2 \\ b_2 \end{bmatrix} = (\boldsymbol{G}^\mathrm{T}\boldsymbol{G})^{-1}\boldsymbol{G}^\mathrm{T}(\boldsymbol{h} + \boldsymbol{\beta}) \quad (3.14)$$

一旦确定 $\boldsymbol{\omega}_1$, b_1 和 $\boldsymbol{\omega}_2$, b_2, 代入式 (3.8) 中, 可以得到回归函数。

3.4 基于小波权重 TSVR 的转炉炼钢终点静态预测模型

3.4.1 非线性小波权重 TSVR 算法

2017 年 Xu 等人[33]提出了基于 pinball 损失函数的不对称 v 型 TSVR 算法（Asymmetric v-twin support vector regression，Asy v-TSVR），该方法通过引入参数 v 以提高算法的泛化性能，其目标函数如下所示：

$$\min_{\boldsymbol{\omega}_1,b_1,\varepsilon_1,\boldsymbol{\xi}} \frac{1}{2} \| \boldsymbol{y} - [K(\boldsymbol{A}, \boldsymbol{A}^{\mathrm{T}})\boldsymbol{\omega}_1 + b_1\boldsymbol{e}] \|^2 + c_1 v_1 \varepsilon_1 + \frac{1}{l} c_1 \boldsymbol{e}^{\mathrm{T}} \boldsymbol{\xi}$$

s. t. $\quad \boldsymbol{y} - [K(\boldsymbol{A}, \boldsymbol{A}^{\mathrm{T}})\boldsymbol{\omega}_1 + b_1\boldsymbol{e}] \geqslant -\varepsilon_1\boldsymbol{e} - 2(1-p)\boldsymbol{\xi}, \ \boldsymbol{\xi} \geqslant 0\boldsymbol{e}, \ \varepsilon_1 \geqslant 0 \quad (3.15)$

$$\min_{\boldsymbol{\omega}_2,b_2,\varepsilon_2,\boldsymbol{\xi}^*} \frac{1}{2} \| \boldsymbol{y} - [K(\boldsymbol{A}, \boldsymbol{A}^{\mathrm{T}})\boldsymbol{\omega}_2 + b_2\boldsymbol{e}] \|^2 + c_2 v_2 \varepsilon_2 + \frac{1}{l} c_2 \boldsymbol{e}^{\mathrm{T}} \boldsymbol{\xi}^*$$

s. t. $\quad K(\boldsymbol{A}, \boldsymbol{A}^{\mathrm{T}})\boldsymbol{\omega}_2 + b_2\boldsymbol{e} - \boldsymbol{y} \geqslant -\varepsilon_2\boldsymbol{e} - 2p\boldsymbol{\xi}^*, \ \boldsymbol{\xi}^* \geqslant 0\boldsymbol{e}, \ \varepsilon_2 \geqslant 0 \quad (3.16)$

式中，c_1，c_2，v_1，$v_2 \geqslant 0$ 是调整参数。

该方法的优点在于它将传统方法中的参数 ε_1 和 ε_2 引入目标函数中，通过参数 v_1 和 v_2 调整它们的权重，同时，参数 p 给予松弛变量 $\boldsymbol{\xi}$ 和 $\boldsymbol{\xi}^*$ 不同的权重。本书借鉴该方法的优点，对目标函数进行改进，提出了基于小波权重的 TSVR 算法（wavelet transform based weighted TSVR，WTWTSVR），引入小波权重矩阵 $\boldsymbol{D}_1$ 和权重向量 $\boldsymbol{D}_2$ 的同时，考虑了模型的正则化问题，改进算法的目标函数如下式所示：

$$\min_{\boldsymbol{\omega}_1,b_1,\boldsymbol{\xi},\varepsilon_1} \frac{1}{2} \{\boldsymbol{y} - [K(\boldsymbol{A}, \boldsymbol{A}^{\mathrm{T}})\boldsymbol{\omega}_1 + b_1\boldsymbol{e}]\}^{\mathrm{T}} \boldsymbol{D}_1 \{\boldsymbol{y} - [K(\boldsymbol{A}, \boldsymbol{A}^{\mathrm{T}})\boldsymbol{\omega}_1 + b_1\boldsymbol{e}]\} +$$

$$\frac{c_1}{2} (\boldsymbol{\omega}_1^{\mathrm{T}}\boldsymbol{\omega}_1 + b_1^2) + c_2 (\boldsymbol{D}_2^{\mathrm{T}}\boldsymbol{\xi} + v_1\varepsilon_1)$$

s. t. $\quad \boldsymbol{y} - [K(\boldsymbol{A}, \boldsymbol{A}^{\mathrm{T}})\boldsymbol{\omega}_1 + b_1\boldsymbol{e}] \geqslant -\varepsilon_1\boldsymbol{e} - \boldsymbol{\xi}, \ \boldsymbol{\xi} \geqslant 0\boldsymbol{e}, \ \varepsilon_1 \geqslant 0 \quad (3.17)$

$$\min_{\boldsymbol{\omega}_2,b_2,\boldsymbol{\xi}^*,\varepsilon_2} \frac{1}{2} \{\boldsymbol{y} - [K(\boldsymbol{A}, \boldsymbol{A}^{\mathrm{T}})\boldsymbol{\omega}_2 + b_2\boldsymbol{e}]\}^{\mathrm{T}} \boldsymbol{D}_1 \{\boldsymbol{y} - [K(\boldsymbol{A}, \boldsymbol{A}^{\mathrm{T}})\boldsymbol{\omega}_2 + b_2\boldsymbol{e}]\} +$$

$$\frac{c_3}{2} (\boldsymbol{\omega}_2^{\mathrm{T}}\boldsymbol{\omega}_2 + b_1^2) + c_4 (\boldsymbol{D}_2^{\mathrm{T}}\boldsymbol{\xi}^* + v_2\varepsilon_2)$$

s. t. $\quad K(\boldsymbol{A}, \boldsymbol{A}^{\mathrm{T}})\boldsymbol{\omega}_2 + b_2\boldsymbol{e} - \boldsymbol{y} \geqslant -\varepsilon_2\boldsymbol{e} - \boldsymbol{\xi}^*, \ \boldsymbol{\xi}^* \geqslant 0\boldsymbol{e}, \ \varepsilon_2 \geqslant 0 \quad (3.18)$

式中，c_1，c_2，c_3，c_4，v_1，$v_2 \geqslant 0$ 为调整参数；$\boldsymbol{D}_1$ 为一个 $l \times l$ 维的对角阵；$\boldsymbol{D}_2$ 为一个 $l \times 1$ 维的权重向量。

目标函数中第一项用于最小化从估计函数 $f_1(\boldsymbol{x}) = K(\boldsymbol{x}^{\mathrm{T}}, \boldsymbol{A}^{\mathrm{T}})\boldsymbol{\omega}_1 + b_1$ 或 $f_2(\boldsymbol{x}) = K(\boldsymbol{x}^{\mathrm{T}}, \boldsymbol{A}^{\mathrm{T}})\boldsymbol{\omega}_2 + b_2$ 到训练点的欧氏距离的平方和。第二项为正则化项，第三项用于最小化松弛因子 $\boldsymbol{\xi}$ 或 $\boldsymbol{\xi}^*$，以及 ε_1 和 ε_2 管道的宽度，系数向量 $\boldsymbol{D}_2$ 为松弛因子的惩罚向量。

引入拉格朗日乘子，则式 (3.17) 可写成

$$L(\boldsymbol{\omega}_1, b_1, \boldsymbol{\xi}, \varepsilon_1, \boldsymbol{\alpha}, \boldsymbol{\beta}, \gamma) = \frac{1}{2}(\boldsymbol{y} - (K(\boldsymbol{A}, \boldsymbol{A}^{\mathrm{T}})\boldsymbol{\omega}_1 + b_1\boldsymbol{e}))^{\mathrm{T}}\boldsymbol{D}_1(\boldsymbol{y} -$$

$$(K(\boldsymbol{A}, \boldsymbol{A}^{\mathrm{T}})\boldsymbol{\omega}_1 + b_1\boldsymbol{e})) + \frac{c_1}{2}(\boldsymbol{\omega}_1^{\mathrm{T}}\boldsymbol{\omega}_1 + b_1^2) +$$

$$c_2(\boldsymbol{D}_2^{\mathrm{T}}\boldsymbol{\xi} + v_1\varepsilon_1) - \boldsymbol{\alpha}^{\mathrm{T}}(\boldsymbol{y} - (K(\boldsymbol{A}, \boldsymbol{A}^{\mathrm{T}})\boldsymbol{\omega}_1 +$$

$$b_1\boldsymbol{e}) + \varepsilon_1\boldsymbol{e} + \boldsymbol{\xi}) - \boldsymbol{\beta}^{\mathrm{T}}\boldsymbol{\xi} - \gamma\varepsilon_1$$

$$(3.19)$$

式中，$\boldsymbol{\alpha}$，$\boldsymbol{\beta}$ 和 γ 是拉格朗日乘子。

L 对 $\boldsymbol{\omega}_1$，b_1，$\boldsymbol{\xi}$，ε_1 求偏导，可得

$$\frac{\partial L}{\partial \boldsymbol{\omega}_1} = -K(\boldsymbol{A}, \boldsymbol{A}^{\mathrm{T}})^{\mathrm{T}}\boldsymbol{D}_1(\boldsymbol{y} - (K(\boldsymbol{A}, \boldsymbol{A}^{\mathrm{T}})\boldsymbol{\omega}_1 + b_1\boldsymbol{e})) + K(\boldsymbol{A}, \boldsymbol{A}^{\mathrm{T}})^{\mathrm{T}}\boldsymbol{\alpha} + c_1\boldsymbol{\omega}_1 = 0$$

$$(3.20)$$

$$\frac{\partial L}{\partial b_1} = -\boldsymbol{e}^{\mathrm{T}}\boldsymbol{D}_1(\boldsymbol{y} - (K(\boldsymbol{A}, \boldsymbol{A}^{\mathrm{T}})\boldsymbol{\omega}_1 + b_1\boldsymbol{e})) + \boldsymbol{e}^{\mathrm{T}}\boldsymbol{\alpha} + c_1 b_1 = 0 \qquad (3.21)$$

$$\frac{\partial L}{\partial \boldsymbol{\xi}} = c_2\boldsymbol{D}_2 - \boldsymbol{\alpha} - \boldsymbol{\beta} = 0 \qquad (3.22)$$

$$\frac{\partial L}{\partial \varepsilon_1} = c_2 v_1 - \boldsymbol{e}^{\mathrm{T}}\boldsymbol{\alpha} - \gamma = 0 \qquad (3.23)$$

由 KKT 条件，可得

$$\begin{cases} \boldsymbol{y} - (K(\boldsymbol{A}, \boldsymbol{A}^{\mathrm{T}})\boldsymbol{\omega}_1 + b_1\boldsymbol{e}) \geqslant -\varepsilon_1\boldsymbol{e} - \boldsymbol{\xi}, \ \boldsymbol{\xi} \geqslant 0\boldsymbol{e} \\ \boldsymbol{\alpha}^{\mathrm{T}}(\boldsymbol{y} - (K(\boldsymbol{A}, \boldsymbol{A}^{\mathrm{T}})\boldsymbol{\omega}_1 + b_1\boldsymbol{e}) + \varepsilon_1\boldsymbol{e} + \boldsymbol{\xi}) = 0, \ \boldsymbol{\alpha} \geqslant 0\boldsymbol{e} \\ \boldsymbol{\beta}^{\mathrm{T}}\boldsymbol{\xi} = 0, \ \boldsymbol{\beta} \geqslant 0\boldsymbol{e} \\ \gamma\varepsilon_1 = 0, \ \gamma \geqslant 0 \end{cases} \qquad (3.24)$$

由式 (3.20) 和式 (3.21)，可得

$$-\begin{bmatrix} K(\boldsymbol{A}, \boldsymbol{A}^{\mathrm{T}})^{\mathrm{T}} \\ \boldsymbol{e}^{\mathrm{T}} \end{bmatrix}\boldsymbol{D}_1(\boldsymbol{y} - (K(\boldsymbol{A}, \boldsymbol{A}^{\mathrm{T}})\boldsymbol{\omega}_1 + b_1\boldsymbol{e})) + \begin{bmatrix} K(\boldsymbol{A}, \boldsymbol{A}^{\mathrm{T}})^{\mathrm{T}} \\ \boldsymbol{e}^{\mathrm{T}} \end{bmatrix}\boldsymbol{\alpha} + c_1\begin{bmatrix} \boldsymbol{\omega}_1 \\ b_1 \end{bmatrix} = 0$$

$$(3.25)$$

令 $\boldsymbol{H} = [K(\boldsymbol{A}, \boldsymbol{A}^{\mathrm{T}})\boldsymbol{e}]$，$\boldsymbol{u}_1 = [\boldsymbol{\omega}_1^{\mathrm{T}}b_1]^{\mathrm{T}}$，式 (3.25) 可以改写成

$$-\boldsymbol{H}^{\mathrm{T}}\boldsymbol{D}_1\boldsymbol{y} + (\boldsymbol{H}^{\mathrm{T}}\boldsymbol{D}_1\boldsymbol{H} + c_1\boldsymbol{I})\boldsymbol{u}_1 + \boldsymbol{H}^{\mathrm{T}}\boldsymbol{\alpha} = 0 \qquad (3.26)$$

式中，$\boldsymbol{I}$ 是一个适当维度的单位矩阵。

由式 (3.26)，可导出

$$\boldsymbol{u}_1 = (\boldsymbol{H}^{\mathrm{T}}\boldsymbol{D}_1\boldsymbol{H} + c_1\boldsymbol{I})^{-1}\boldsymbol{H}^{\mathrm{T}}(\boldsymbol{D}_1\boldsymbol{y} - \boldsymbol{\alpha}) \qquad (3.27)$$

根据式 (3.20)、式 (3.21) 和式 (3.24)，可得到如下约束条件

$$e^{\mathrm{T}}\boldsymbol{\alpha} \leq c_2 v_1, \ 0e \leq \boldsymbol{\alpha} \leq c_2 \boldsymbol{D}_2 \tag{3.28}$$

将式（3.28）代入拉格朗日函数 L 中，可得到式（3.17）的对偶式

$$\min_{\boldsymbol{\alpha}} \frac{1}{2}\boldsymbol{\alpha}^{\mathrm{T}}\boldsymbol{H}(\boldsymbol{H}^{\mathrm{T}}\boldsymbol{D}_1\boldsymbol{H} + c_1\boldsymbol{I})^{-1}\boldsymbol{H}^{\mathrm{T}}\boldsymbol{\alpha} + \boldsymbol{y}^{\mathrm{T}}\boldsymbol{\alpha} - \boldsymbol{y}^{\mathrm{T}}\boldsymbol{D}_1\boldsymbol{H}(\boldsymbol{H}^{\mathrm{T}}\boldsymbol{D}_1\boldsymbol{H} + c_1\boldsymbol{I})^{-1}\boldsymbol{H}^{\mathrm{T}}\boldsymbol{\alpha}$$

s. t. $$0e \leq \boldsymbol{\alpha} \leq c_2\boldsymbol{D}_2, \ e^{\mathrm{T}}\boldsymbol{\alpha} \leq c_2 v_1 \tag{3.29}$$

同样地，式（3.18）的对偶式为

$$\min_{\boldsymbol{\eta}} \frac{1}{2}\boldsymbol{\eta}^{\mathrm{T}}\boldsymbol{H}(\boldsymbol{H}^{\mathrm{T}}\boldsymbol{D}_1\boldsymbol{H} + c_3\boldsymbol{I})^{-1}\boldsymbol{H}^{\mathrm{T}}\boldsymbol{\eta} + \boldsymbol{y}^{\mathrm{T}}\boldsymbol{D}_1\boldsymbol{H}(\boldsymbol{H}^{\mathrm{T}}\boldsymbol{D}_1\boldsymbol{H} + c_3\boldsymbol{I})^{-1}\boldsymbol{H}^{\mathrm{T}}\boldsymbol{\eta} - \boldsymbol{y}^{\mathrm{T}}\boldsymbol{\eta}$$

s. t. $$0e \leq \boldsymbol{\eta} \leq c_4\boldsymbol{D}_2, \ e^{\mathrm{T}}\boldsymbol{\eta} \leq c_4 v_2 \tag{3.30}$$

通过求解式（3.29）和式（3.30），将结果代入下式，可以求得 $\boldsymbol{\omega}_1$，b_1 和 $\boldsymbol{\omega}_2$，b_2

$$\begin{bmatrix} \boldsymbol{\omega}_1 \\ b_1 \end{bmatrix} = (\boldsymbol{H}^{\mathrm{T}}\boldsymbol{D}_1\boldsymbol{H} + c_1\boldsymbol{I})^{-1}\boldsymbol{H}^{\mathrm{T}}(\boldsymbol{D}_1\boldsymbol{y} - \boldsymbol{\alpha}) \tag{3.31}$$

$$\begin{bmatrix} \boldsymbol{\omega}_2 \\ b_2 \end{bmatrix} = (\boldsymbol{H}^{\mathrm{T}}\boldsymbol{D}_1\boldsymbol{H} + c_3\boldsymbol{I})^{-1}\boldsymbol{H}^{\mathrm{T}}(\boldsymbol{D}_1\boldsymbol{y} + \boldsymbol{\eta}) \tag{3.32}$$

一旦确定 $\boldsymbol{\omega}_1$，b_1 和 $\boldsymbol{\omega}_2$，b_2，代入式（3.8）可以得到回归函数。

3.4.2 权重矩阵 $\boldsymbol{D}_1$ 和权重向量 $\boldsymbol{D}_2$ 的确定

小波变换可用于时间序列信号的降噪处理，在小波处理的工程实践中，通常采用 Daubechies 小波。Daubechies 小波由离散的正交小波族构成，如 $db1 \sim db10$。小波变换的过程可分为：小波分解、降噪处理和小波重构 3 个部分。在小波分解过程中，原始信号可由小波族分解为高频信号和低频信号部分。假设有一时间序列信号 S，经过第一步分解之后，产生两组信号，高频部分为 $\boldsymbol{Sh}_1$，另一组为低频部分 $\boldsymbol{Sl}_1$；在第二步分解之后，低频信号 $\boldsymbol{Sl}_1$ 可进一步分解为高频部分 $\boldsymbol{Sh}_2$ 和低频部分 $\boldsymbol{Sl}_2$。经过 k 步分解，可得到 $k + 1$ 组分解后的序列（$\boldsymbol{Sh}_1$，$\boldsymbol{Sh}_2$，$\cdots$，$\boldsymbol{Sh}_k$，$\boldsymbol{Sl}_k$），其中 $\boldsymbol{Sl}_k$ 表示原始信号 S 的轮廓，$\boldsymbol{Sh}_1$，$\boldsymbol{Sh}_2$，$\cdots$，$\boldsymbol{Sh}_k$ 表示不同分辨率下的细节。这一过程的数学描述可表示为：

$$Sl_k(n) = \sum_{m=1}^{l_{k-1}} \phi(m - 2n)Sl_{k-1}(m) \tag{3.33}$$

$$Sh_k(n) = \sum_{m=1}^{l_{k-1}} \varphi(m - 2n)Sl_{k-1}(m) \tag{3.34}$$

式中，$\boldsymbol{Sl}_{k-1}$ 是长度为 l_{k-1} 的待分解信号，$\boldsymbol{Sl}_k$ 和 $\boldsymbol{Sh}_k$ 是第 k 步的分解结果。$\phi(m - 2n)$ 和 $\varphi(m - 2n)$ 分别为尺度序列（低通滤波器）和小波序列（高通滤波器）[34]。

这一过程如图 3.3 所示。

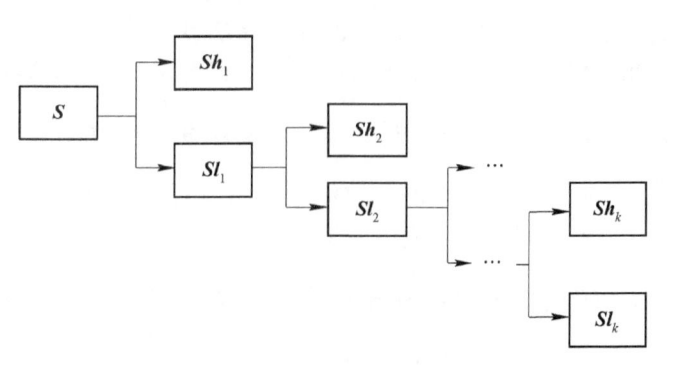

图 3.3   信号的分解

本文采用了 $db2$ 小波，分解步数 k 取 4。经过小波分解后，可进行适当的信号处理以降低噪声影响。在信号重构过程中，经过处理后的高频信号 Sh_k^* 和低频信号 Sl_k^* 用于产生重构信号 S^*。定义 $l_k \times l_{k-1}$ 阶矩阵 P 和 Q，$P_{n,m} = \phi(m - 2n)$，$Q_{n,m} = \varphi(m - 2n)$，其重构过程如图 3.4 所示，其数学描述为：

$$Sl_k(n) = P \cdot Sl_{k-1}(m) \tag{3.35}$$

$$Sh_k(n) = Q \cdot Sl_{k-1}(m) \tag{3.36}$$

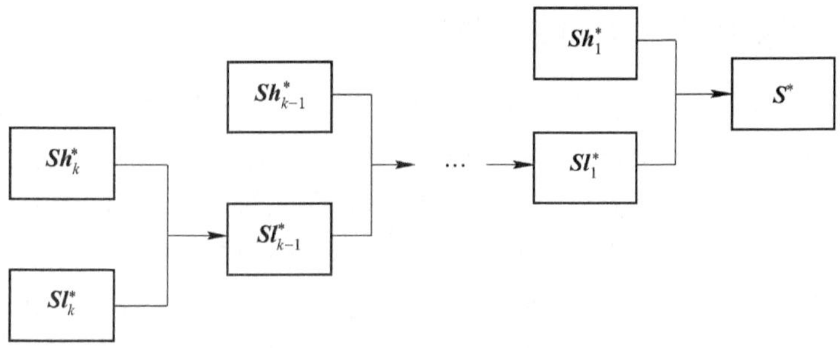

图 3.4   信号的重构

信号 Sl_{k-1}^* 可由 Sl_k^* 和 Sh_k^* 产生：

$$Sl_{k-1}^*(m) = P^{-1} \cdot Sl_k^*(n) + Q^{-1} \cdot Sh_k^*(n) \tag{3.37}$$

如果某一预测模型的输出向量 $S = [S_1, S_2, \cdots, S_l]^T$ 为一个时间序列，则小波变换可用于该序列的降噪处理。经过分解、信号处理和重构过程之后，可获得一个新的序列 $S^* = [S_1^*, S_2^*, \cdots, S_l^*]^T$，样本点与降噪后的信号距离可表示为 $r_i = |S_i - S_i^*|$，$i = 1, 2, \cdots, l$。直观地看，在 WTWTSVR 算法中，r_i 值小的样本点应赋予较大的权重，相反，r_i 值大的样本点应赋予较小的权重，该权重可由下式表示

$$d_i = \exp\left(-\frac{r_i^2}{2\sigma^{*2}}\right), \ i = 1, 2, \cdots, l \tag{3.38}$$

式中，d_i 表示权重系数；σ^* 为高斯函数的标准差。

因此，可确定小波权重矩阵 $\boldsymbol{D}_1$ 和权重向量 $\boldsymbol{D}_2$ 与 d_i 的关系可描述为 $\boldsymbol{D}_1 = \mathrm{diag}(d_1, d_2, \cdots, d_l)$ 和 $\boldsymbol{D}_2 = [d_1, d_2, \cdots, d_l]^{\mathrm{T}}$。

3.4.3 转炉炼钢静态预测模型的描述和建模步骤

终点碳含量和终点温度是衡量炼钢质量的主要因素，炼钢的最终目的是控制终点碳含量和温度进入规定区域。终点预测模型是终点控制模型的基础，所以有必要建立高精度的预测模型。转炉炼钢是一个复杂的物理化学过程，其数学模型可看成一个非线性函数，导致该模型很难建立，因此，可借助 TSVR 算法的非线性逼近能力建立转炉模型。本文提出的小波权重 TSVR 算法引入了小波变换理论，对时间序列信号进行降噪处理。转炉数据记录了同一转炉不同炉次的信息，每个炉次的信息是按照时间顺序排列，这意味着样本可以看成一组时间序列信号。因此，本算法适用于转炉模型的建模。通过机理分析，结合数据信息，最终可以确定影响终点碳含量和温度的影响因素作为系统的输入变量，包括初始铁水碳含量 x_1，初始铁水温度 x_2，总吹氧量 x_3，石灰加入量 x_4，轻烧白云石加入量 x_5，废钢加入量 x_6，铁水重量 x_7，铁水硅含量 x_8，铁水锰含量 x_9，铁水硫含量 x_{10} 和铁水磷含量 x_{11}；模型的输出变量为终点碳含量或终点温度。

根据 TSVR 算法原理，可确定转炉模型为

$$f(\boldsymbol{x}) = \frac{1}{2} K(\boldsymbol{x}^{\mathrm{T}}, \boldsymbol{A}^{\mathrm{T}})(\boldsymbol{\omega}_1 + \boldsymbol{\omega}_2) + \frac{1}{2}(b_1 + b_2) \tag{3.39}$$

其中，$\boldsymbol{x} = [x_1, x_2, \cdots, x_{11}]^{\mathrm{T}}$。

本章采集的样本来自 2017 年 4 月某炼钢厂 260t 转炉的低碳钢实际生产数据，钢种包括 SPHC、SPHE 和 SPCC，冶炼工艺采用单渣法。样本数量为 200 个，其中前 150 组样本作为训练样本，后 50 组作为测试样本。因为 WTWTSVR 算法所逼近的系统为多输入单输出系统，因此，需要分别建立终点碳含量和终点温度两个预测模型，两个模型的输入相同，输出不同，系统参数不同。通过 3.4.2 节的机理分析可以确定模型的输入输出变量。在调整参数之前，要确定权重矩阵 $\boldsymbol{D}_1$ 和权重向量 $\boldsymbol{D}_2$，通过对输出样本进行小波变换和相关运算，可得到 $\boldsymbol{D}_1$ 和 $\boldsymbol{D}_2$。具体过程如下：首先，对输出样本进行分解，分解方式由小波函数决定，本书采用的是 $db2$ 小波，支撑长度为 4；然后对分解后的信号进行滤波，最后进行重构处理，得到变换后的信号。原信号与变换后信号的绝对误差 r_i（$i = 1, 2, \cdots, l$）的大小反映了目标函数中误差项权重 d_i 的大小，较大的绝对误差将给予较小的权重，反之，给予较大的权重。因此，d_i 可以通过式（3.37）计算得到，由 d_i 构成的对角矩阵即为 $\boldsymbol{D}_1$，由 d_i 构成的列向量为 $\boldsymbol{D}_2$。将它们代入目标函数中，通过调整 c_1、c_2、c_3、c_4、v_1、v_2 及高斯核函数的宽度这些参数，最终得到高精度

的预测模型。参数的选取可以采取逐一调整的方式，即固定其他参数，只调整其中一个参数，每次调整都对训练样本进行训练，根据预测输出和实际输出的误差，计算出模型的精度，直到调整到当前参数下的模型精度达到最高停止，保存此参数数值，然后进行下一个参数的调整，直到完成所有参数的调整。

转炉终点预测模型的建模步骤如下：

步骤 1：读取终点碳含量数据 $\boldsymbol{y}_C = [y_{C1}, y_{C2}, \cdots, y_{Cl}]^{\mathrm{T}}$ 或终点温度数据 $\boldsymbol{y}_T = [y_{T1}, y_{T2}, \cdots, y_{Tl}]^{\mathrm{T}}$，利用 $db2$ 小波对 $\boldsymbol{y}_C$ 或 $\boldsymbol{y}_T$ 进行降噪处理，得到降噪后的数据 $\boldsymbol{y}_C{}^*$ 或 $\boldsymbol{y}_T{}^*$。

步骤 2：通过式（3.38），选取合适的 σ^*，确定权重矩阵 $\boldsymbol{D}_1$ 和权重向量 $\boldsymbol{D}_2$。

步骤 3：初始化 WTWTSVR 预测模型的参数，调整以下参数：c_1、c_2、c_3、c_4、v_1、v_2 和 σ。

步骤 4：利用 150 组样本求解式（3.29）和式（3.30），得到最优解向量 $\boldsymbol{\alpha}$ 和 $\boldsymbol{\eta}$。

步骤 5：将最优解代入式（3.31）和式（3.32），求出 $\boldsymbol{\omega}_1$，b_1 和 $\boldsymbol{\omega}_2$，b_2。

步骤 6：将结果代入式（3.8），得到碳含量回归函数 $f_C(\boldsymbol{x})$ 或温度回归函数 $f_T(\boldsymbol{x})$。

步骤 7：将训练样本代入回归函数，得到终点碳含量或终点温度的预测值。计算模型精度和终点命中率等指标，如果指标达到设定值，模型建立完成，否则重复步骤 3 到步骤 7 直到指标达到设定值。

3.5　仿真实验验证与分析

3.5.1　WTWTSVR 算法性能验证

在建立转炉炼钢静态预测模型之前，需要对理论模型进行回归，验证改进的算法的可行性和有效性，选取如下人工函数：

$$y = \sin x / x, \quad x \in [-4\pi, 4\pi] \tag{3.40}$$

对于输入样本 (x_i, y_i)，$x \sim U[-4\pi, 4\pi]$，$i = 1, 2, \cdots, l$，分别加入 4 种不同幅度和分布类型的噪声：

$$y_i = \frac{\sin x_i}{x_i} + \theta_i, \quad \theta_i \sim N(0, 0.1^2) \tag{3.41}$$

$$y_i = \frac{\sin x_i}{x_i} + \theta_i, \quad \theta_i \sim N(0, 0.2^2) \tag{3.42}$$

$$y_i = \frac{\sin x_i}{x_i} + \theta_i, \quad \theta_i \sim U[0, 0.1] \tag{3.43}$$

$$y_i = \frac{\sin x_i}{x_i} + \theta_i, \quad \theta_i \sim U[0, 0.2] \tag{3.44}$$

式中，$U[m, n]$ 表示在 $[m, n]$ 区间中的均匀分布；$N(p, q^2)$ 表示期望为 p，方差为 q^2 的高斯分布。

对于以上 4 种情况，采用的训练样本和测试样本的数量分别为 252 和 500，然后分别建立上述 4 个回归模型。

为了测试待回归函数的泛化能力，测试样本没有引入噪声，将测试样本代入到回归模型中进行验证，计算得到式（2.1）中的性能指标，最后选取 TSVR[17]、v-TSVR[27] 和 ASY v-TSVR[33] 三种方法进行对比，TSVR 是最原始的孪生支持向量机算法，具有一定的代表性；v-TSVR 和 ASY v-TSVR 是近两年提出的改进算法，v-TSVR 将参数 ε_1 和 ε_2 引入目标函数中，将其作为优化参数，提高了 TSVR 算法的性能；ASY v-TSVR 在 v-TSVR 的基础之上，引入 pinball 损失函数进一步提升了算法的性能。

表 3.1 给出了 4 种回归方法运行十次的性能指标的平均值及其标准差对比。表中类型 A、B、C 和 D 表示式（3.41）~式（3.44）中的 4 种不同类型的噪声。仿真结果表明，与其他三种方法相比，所提出的 WTWTSVR 算法在 SSE 和 SSE/SST 这两个指标在 4 种噪声下均小于其他回归算法的结果，说明通过引入小波变换，对预测误差赋予不同的权重，具有更高的逼近精度。从 SSR/SST 的结果可以看出，WTWTSVR 算法在 B 噪声中取得了最优结果，这表明 WTWTSVR 算法的预测值波动程度更接近于真实值的波动程度，尽管该指标在其他三种噪声下的结果排名第二，但与最优结果非常接近，因此，WTWTSVR 算法在总体性能上优于其他 3 种算法。

表 3.1　四种噪声下的 sinc 函数回归效果对比

噪　声	回归算法	SSE	SSE/SST	SSR/SST
类型 A	WTWTSVR	0.1577±0.00994	0.0029±0.0018	0.9972±0.0264
	TSVR	0.2316±0.1288	0.0043±0.0024	1.0050±0.0308
	v-TSVR	0.4143±0.1261	0.0077±0.0023	0.9501±0.0270
	ASY v-TSVR	0.1742±0.1001	0.0032±0.0019	1.0021±0.0279
类型 B	WTWTSVR	0.6659±0.2456	0.0124±0.0046	1.0161±0.0564
	TSVR	0.8652±0.3006	0.0161±0.0056	1.0185±0.0615
	v-TSVR	0.8816±0.3937	0.0164±0.0073	0.9631±0.0548
	ASY v-TSVR	0.7900±0.2588	0.0147±0.0048	1.0168±0.0599

噪 声	回归算法	SSE	SSE/SST	SSR/SST
类型 C	WTWTSVR	1.2425±0.1444	0.0231±0.0027	1.0228±0.0153
	TSVR	1.2505±0.0650	0.0233±0.0012	1.0217±0.0091
	v-TSVR	1.5351±0.1172	0.0285±0.0022	0.9750±0.0111
	ASY v-TSVR	1.2464±0.0934	0.0232±0.0017	1.0256±0.0125
类型 D	WTWTSVR	4.8557±0.4009	0.0903±0.0075	1.0768±0.0283
	TSVR	5.0090±0.2172	0.0931±0.0040	1.0890±0.0131
	v-TSVR	5.2580±0.2935	0.0978±0.0055	1.0386±0.0125
	ASY v-TSVR	4.9659±0.2925	0.0923±0.0054	1.0889±0.0128

为了检验算法的鲁棒性能,在训练样本中插入一些离群点,WTWTSVR 算法在类型 A 噪声的回归效果如图 3.5 所示,其中虚线表示加入离群点以后的回归效果,从图中可以看出,WTWTSVR 算法的回归效果与理论模型曲线的拟合效果良好。SSE、SSE/SST 和 SSR/SST 指标分别为 0.1911、0.0036 和 1.0372,结果仍优于 TSVR 和 v-TSVR 算法,说明所提出的算法具有一定的抗干扰能力。综上所述,WTWTSVR 算法在回归理论模型方面是行之有效的,且算法性能有一定的提高,因此,可以用来建立转炉炼钢的静态预测模型。

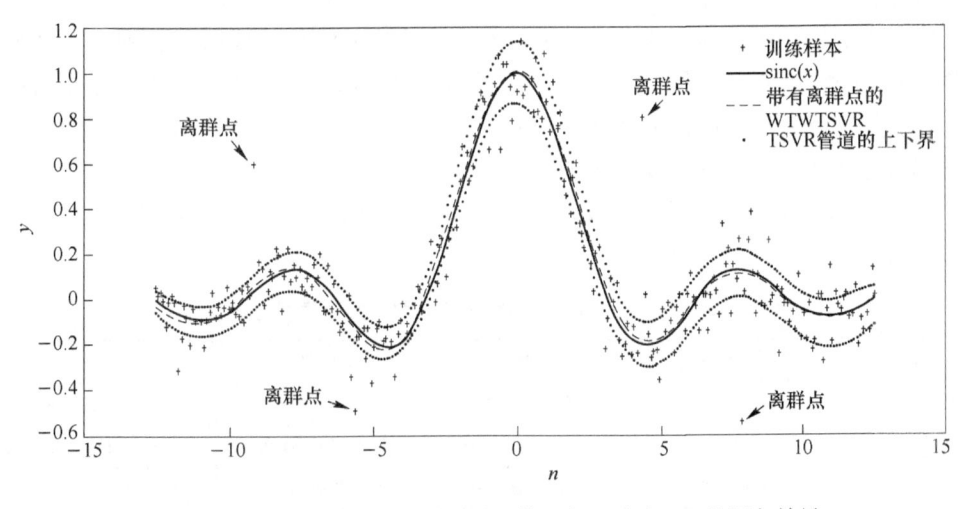

图 3.5 所提出的回归方法对 sinc 函数(加入噪声 A)的回归效果

3.5.2 转炉炼钢静态预测模型的实验仿真

利用 WTWTSVR 算法,并结合 3.4 节提到的 200 组 260t 转炉数据,可以建立转炉炼钢的静态预测模型。在转炉炼钢的实际应用中,如果目标碳含量(质量分数）是 0.04%，目标温度是 1680℃，那么，±0.005% 的终点碳含量和 ±10℃ 的终点温度的误差容限能够满足现场的要求。因此，本次实验选取的碳含量模型的误差容限为 ±0.005%，温度模型的误差容限为 ±10℃。样本的数量不同影响模型的参数，所以，采用 3.4 节给出的参数选取方法，可以得到基于 WTWTSVR 的碳含量模型和温度模型的系统参数（见表 3.2）。利用表中的参数，结合 3.4.3 节给出的建模步骤来建立转炉静态预测模型。

表 3.2 碳温预测模型参数表

模型	c_1	c_2	c_3	c_4	v_1	v_2	σ	$\sigma*$
碳含量模型	0.005	0.1	0.005	0.1	1	1	0.5	1
温度模型	0.001	0.1	0.001	0.1	1	1	1.25	1.1

值得注意的是，本书并未与基于神经网络和支持向量机 SVR 的转炉预测模型进行对比，因为文献 [35] 已经验证了 SVR 转炉模型的预测效果优于神经网络转炉模型，同时，文献 [17] 验证了 TSVR 算法无论在回归效果和建模速度方面均优于 SVR 算法。本书提出的算法在 TSVR 的基础上，进一步提升了算法的性能，因此，本书所提出的转炉模型与传统的 TSVR 算法，以及近两年提出的新的改进算法，以验证预测和控制模型的性能。分别利用 3 种典型的 TSVR 回归算法对相同样本进行建模，并计算相关性能指标，与所提出模型的结果进行比较，表 3.3 中给出了 4 种基于 TSVR 的转炉终点预测模型的效果对比。

表 3.3 4 种碳温预测模型的预测效果对比

模型	指标	WTWTSVR	TSVR	v-TSVR	ASY v-TSVR
碳含量模型 （质量分数） （±0.005%）	RMSE/%	0.0019	0.0020	0.0020	0.0020
	MAE/%	0.0021	0.0022	0.0022	0.0022
	SSE/SST	0.2832	0.3189	0.3075	0.3187
	SSR/SST	0.9488	0.7051	0.6750	0.7049
	HR/%	94	90	92	92
温度模型 （±10℃）	RMSE/℃	4.3420	6.4466	5.3909	6.0089
	MAE/℃	4.4399	7.0111	5.9511	6.3692
	SSE/SST	0.2806	0.6186	0.4326	0.5374
	SSR/SST	1.0270	0.5023	0.6364	0.9422
	HR/%	90	88	88	90
双命中率/%		84	82	82	82

结果表明，基于 WTWTSVR 的碳含量预测模型的 RMSE 和 MAE 达到 0.0019% 和 0.0021%，说明测试样本的预测值与实际值的平均误差在 0.002% 左

右，低于设定的误差容限范围，且这两项指标均小于其他3种预测模型；从SSE/SST和SSR/SST的结果可以看出，所提出的碳含量模型的SSE/SST达到0.2832，在4种模型中最小，SSR/SST达到0.9488，在4种模型中最优，说明无论在拟合误差还是在预测数据波动程度上均优于其他3种模型；碳含量命中率达到94%，高于TSVR模型的90%及 v-TSVR和ASY v-TSVR模型的92%。基于WTWTSVR的碳含量模型的预测效果如图3.6所示，从图中可以看出，绝大部分的预测值落在误差容限以内，因此从总体上看，所提出的碳含量模型的预测效果优于其他3种模型。

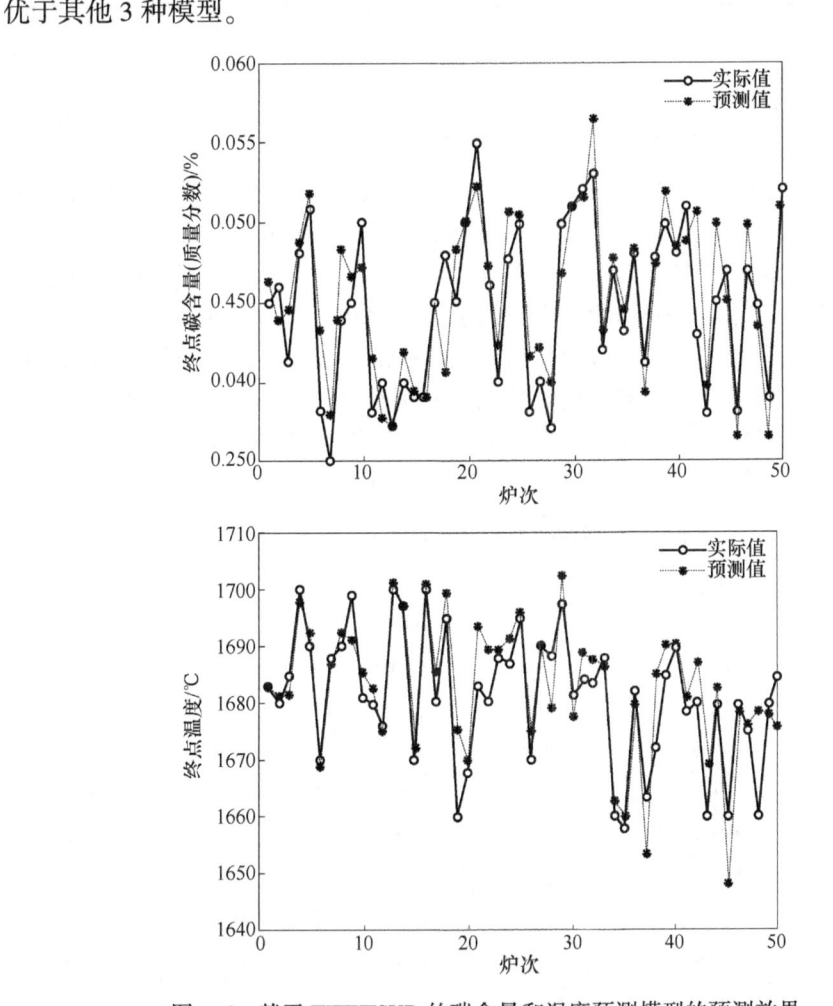

图3.6 基于WTWTSVR的碳含量和温度预测模型的预测效果

基于WTWTSVR的温度预测模型的RMSE、MAE和SSE/SST结果均为4种模型中最小，分别达到4.3420℃、4.4399℃和0.2806，说明本模型的温度预测的预测误差在4.5℃左右，满足预先设定的误差容限范围内。同时，SSR/SST为

1.0270，在4种模型中最大。在温度的终点命中率方面，WTWTSVR模型的命中率可以达到90%，优于TSVR和v-TSVR算法的88%，虽然ASY v-TSVR模型的单命中率达到了90%，但是其碳含量单命中率和双命中率低于WTWTSVR模型。所提出的温度预测模型的预测效果如图3.6所示，可以看出，绝大部分的预测误差小于10℃，因此，所提出的温度模型取得了最优的预测效果，同时，双命中率达到84%，基本符合现场的需求，能够指导生产。

综上所述，可以看出通过引入小波权重，在TSVR的目标函数中给予不同样本的预测误差和松弛变量不同的权重，有效地提高了算法性能，并且建模方法具有一定的鲁棒性和泛化能力。所提出的转炉炼钢终点预测模型的建模方案是行之有效的，解决了传统转炉炼钢终点预测模型在建模过程中出现的易于陷入局部最小和运算效率低等问题，提高了钢水终点碳含量和温度的预测精度。终点碳含量和终点温度的单命中率达到了90%以上，双命中率的结果符合静态预测模型的要求，可为后续研究静态控制和动态控制模型提供理论依据。

3.6 本章小结

本章根据转炉内部的反应过程，进行机理分析，确立转炉炼钢预测模型的输入输出变量；分析了支持向量机和孪生支持向量机的基础理论，发现支持向量机能很好地解决了人工神经网络中存在的局部最小值问题，而孪生支持向量机在具备该优点的基础上，在建模效率方面得到进一步提升，并且适用于建立转炉炼钢的预测模型；提出了一种基于WTWTSVR的转炉静态预测模型。通过对TSVR算法改进，提高了预测模型的精度和命中率。实验结果表明，所提出的碳含量模型和温度模型的终点命中率可达94%和90%，双命中率达到84%，与其他3种模型相比，所提出的预测模型取得了良好的效果，且符合实际现场的需求。因此，该模型对转炉炼钢的实际生产有一定的指导意义。

参 考 文 献

[1] Xu L F, Li W, Zhang M, et al. A model of basic oxygen furnace (BOF) end-point prediction based on spectrum information of the furnace flame with support vector machine (SVM) [J]. Optik-International Journal for Light and Electron Optics, 2011, 122 (7)：594-598.

[2] Shao Y, Zhou M, Chen Y, et al. BOF endpoint prediction based on the flame radiation by hybrid SVC and SVR modeling [J]. Optik-International Journal for Light and Electron Optics, 2014, 125 (11)：2491-2496.

[3] Wang Z, Liu Q, Xie F M, et al. Model for prediction of oxygen required in BOF steelmaking [J]. Ironmaking & Steelmaking, 2012, 39 (3)：228-233.

[4] Min H, Liu C. Endpoint prediction model for basic oxygen furnace steel-making based on

membrane algorithm evolving extreme learning machine [J]. Journal of Dalian University of Technology, 2014, 19: 430-437.

[5] Han M, Cao Z J. An improved case-based reasoning method and its application in endpoint prediction of basic oxygen furnace [J]. Neurocomputing, 2015, 149: 1245-1252.

[6] Fileti A M F, Pacianotto T A, Cunha A P. Neural modeling helps the BOS process to achieve aimed end-point conditions in liquid steel [J]. Engineering Applications of Artificial Intelligence, 2006, 19 (1): 9-17.

[7] Cortes C, Vapnik V N. Support vector networks [J]. Machine Learning, 1995, 20 (3): 273-297.

[8] Xu X Z, Ding S F, Jia W K, et al. Research of assembling optimized classification algorithm byneural network based on Ordinary Least Squares (OLS) [J]. Neural Computing and Applications, 2013, 22 (1): 187-193.

[9] Xu X Z, Ding S F, Shi Z Z, et al. Particle swarm optimization for automatic parametersdetermination of pulse coupled neural network [J]. Journal of Computers, 2011, 6 (8): 1546-1553.

[10] Pan H, Zhu Y P, Xia L Z. Efficient and accurate face detection using heterogeneous featuredescriptors and feature selection [J]. Computer Vision and Image Understanding, 2013, 117 (1): 12-28.

[11] Chen Z Y, Zhi Z P. Distributed customer behavior prediction using multiplex data: A collaborative MK-SVM approach [J]. Knowledge-Based Systems, 2012, 35: 111-119.

[12] Moraes R, Valiati J F, Gaviao N, et al. Document-level sentiment classification: An empirical comparison between SVM and ANN [J]. Expert Systems with Application, 2013, 40 (2): 621-633.

[13] Wu J X. Efficient HIK SVM learning for Image Classification [J]. IEEE Transactions on Image Processing, 2012, 21 (10): 4442-4453.

[14] Jayadeva, K R, Suresh C. Twin support vector machines for pattern classification [J]. IEEE Transactions on Pattern Analysis and Machine Intelligence, 2007, 29 (5): 905-910.

[15] Cong H H, Yang C F, Pu X R. Efficient speaker recognition based on multi-class twinsupport vector machines and GMMs [C]. 2008 IEEE Conference on Robotics, Automation and Mechatronics, 2008, 348-352.

[16] Zhang X S, Gao X B, Wang Y. Twin support vector machine for MCs detection [J]. Journal of Electronics (China), 2009, 26 (3): 318-325.

[17] Peng X J. TSVR: An efficient twin support vector machine for regression [J]. Neural Networks, 2010, 23 (3): 365-372.

[18] Peng X J. Primal twin support vector regression and its sparse approximation [J]. Neurocomputing, 2010, 73: 2846-2858.

[19] Singh M, Chadha J, Ahuja P, et al. Reduced twin support vector regression [J]. Neurocomputing, 2011, 74: 1474-1477.

[20] Xu Y T, Wang L S. A weighted twin support vector regression [J]. Knowledge-Based Systems,

2012, 33: 92-101.

[21] Chen X B, Yang J, Liang J, et al. Smooth twin support vector regression [J]. Neural Computing & Applications, 2012, 21 (3): 505-513.

[22] Zhong P, Xu Y T, Zhao Y H. Training twin support vector regression via linear programming [J]. Neural Computing & Applications, 2012, 21 (2): 399-407.

[23] Peng X. Efficient twin parametric insensitive support vector regression model [J]. Neurocomputing, 2012, 79: 26-38.

[24] Shao Y H, Zhang C H, Yang Z M, et al. An ε-twin support vector machine for regression [J]. Neural Computing & Applications, 2013, 23 (1): 175-185.

[25] Balasundaram S, Tanveer M. On Lagrangian twin support vector regression [J]. Neural Computing & Applications, 2013, 22 (1): 257-267.

[26] Xu Y T, Wang L. K-nearest neighbor-based weighted twin support vector regression [J]. Applied Intelligence, 2014, 41 (1): 299-309.

[27] Rastogi R, Anand P, Chandra S. A v-twin support vector machine based regression with automatic accuracy control [J]. Applied Intelligence, 2016, 46 (3): 1-14.

[28] Tanveer M, Shubham K, Aldhaifallah M, et al. An efficient implicit regularized Lagrangian twin support vector regression [J]. Applied Intelligence, 2016, 44 (4): 1-18.

[29] Parastalooi N, Amiri A, Aliheydari P. Modified twin support vector regression [J]. Neurocomputing, 2016, 211: 84-97.

[30] Ye Y F, Bai L, Hua X Y, et al. Weighted Lagrange v-twin support vector regression [J]. Neurocomputing, 2016, 197: 53-68.

[31] Khemchandani R, Goyal K, Chandra S. TWSVR: Regression via twin support vector machine [J]. Neural Networks, 2016, 74 (2): 14.

[32] Gupta D. Training primal K-nearest neighbor based weighted twin support vector regression via unconstrained convex minimization [J]. Applied Intelligence, 2017, 47 (3): 1-30.

[33] Xu Y T, Li X, Pan X, et al. Asymmetric v-twin support vector regression [J]. Neural Computing & Applications, 2017 (2): 1-16.

[34] Shen J, Strang G. Asymptotics of Daubechies filters, scaling functions and wavelets [J]. Applied & Computational Harmonic Analysis, 1998, 5 (3): 312-331.

[35] 王心哲. SVM 和 CBR 的建模研究及其在转炉炼钢过程的应用 [D]. 大连：大连理工大学, 2012.

[36] 朱苗勇. 现代冶金工艺学——钢铁冶金卷 [M]. 北京：冶金工业出版社, 2014.

4 转炉炼钢的终点静态控制模型研究

转炉炼钢的静态控制模型在中、小型转炉的实际冶炼生产占有非常重要的地位。在这些钢厂中，考虑到投资成本等原因，无法配备动态检测设备，所以静态控制模型的精度将直接影响终点命中率的高低。对于具有检测设备的大型转炉，静态控制模型也有一定帮助，它可为炼钢的吹炼前期过程提供指导，为吹炼后期的动态调整提供有利条件。第 3 章验证了基于小波权重 TSVR 算法的转炉终点预测模型的可行性和有效性。因此，本章主要研究如何利用所提出的碳温预测模型建立转炉炼钢的终点静态控制模型，通过引入相应的控制策略，完成静态控制模型的数学建模。在控制模型中，将终点碳含量和温度作为被控量，将吹氧量及原材料的加入量作为控制量，即通过对控制量进行调整，使被控量达到理想的区域，进而提高终点命中率。本章将分别计算固体原料的静态控制模型称为静态分量控制模型，总体计算固体原料的静态控制模型称为静态总量控制模型。静态分量控制策略采用鲸群优化算法，根据碳温预测模型的输出对各个控制量同时优化，计算出转炉冶炼所需的总吹氧量和各原材料的加入量；静态总量控制模型主要由终点碳温预测模型和氧料控制模型两个部分组成。该模型的控制量是总吹氧量和原材料的总加入量（废钢、石灰和轻烧白云石的用量总和），被控量是钢水的终点碳含量和终点温度，由氧料控制模型的计算出转炉生产所需的总吹氧量和原材料总加入量。两种控制策略的结果均可为转炉冶炼的实际生产提供指导。

4.1 概　　述

转炉炼钢的静态控制是指根据铁水中的各成分信息及废钢等原材料的用量情况，结合该炉次的目标终点碳含量和温度，通过静态模型计算出冶炼过程中所需的吹氧量和各原料加入量，指导吹炼过程，开吹后不做任何信息调整的转炉炼钢终点控制方法。传统的转炉炼钢经验静态控制模型具有很大的随机性和不确定性，随着转炉炼钢终点控制技术的发展，通过建立基于智能算法的静态控制模型，能够克服这些问题。首先根据各炉次的历史数据，建立精确的终点预测模型，然后利用初始铁水的信息，进行吹氧量和原材料加入量的相关计算，通过计算结果，对转炉加以控制，以此提高转炉炼钢的终点命中率。尽管目前大型钢厂采用副枪技术或者炉气分析技术建立了转炉炼钢的动态控制模型的控制精度优于静态控制模型，但是静态模型仍然具有一定的使用意义，因为冶炼前，需要通过静态模型计算出该炉次所需的各原料的加入量等信息，确保在采用动态模型前尽可能使钢水接近终点，因此，静态控制模型技术依然是提高炼钢厂技术水平和管理水平的实用、可靠的技术。到目前为止，静态控制模型的研究已经取得了很多进展，黄赫虹等人[1]针对韶钢第三炼钢厂的实际情况，基于物料平衡和热平衡理论和增量模型，设计了转炉终点静态控制模型。黄金侠等人[2]根据天津天铁冶金集团 30t 转炉炼钢的历史数据，提出了基于人工神经网络的转炉终点预测模型，采用 Levenberg-Marquardt 算法对 257 个炉次的历史数据进行训练，并对 100 个炉次进行预测，取得了较好的效果。谢书明等人[3]采用基于 RBF 神经网络的转炉终点预测模型，提出了一种转炉炼钢动态控制模型，确定在补吹阶段需要的吹氧量和加入的冷却剂量，该模型解决了基于热平衡和氧平衡控制模型建模不准确的缺点，提高了终点命中率。丁容等人[4]设计了一种基于人工智能方法的转炉炼钢静态控制模型。通过在武钢 80t 转炉上的生产实验，验证了人工智能控制模型在转炉炼钢应用中的优越性，提高了静态模型的控制精度和终点命中率。张辉宜等人[5]引入常规回归分析算法，提出了一种基于样本自选择的回归分析模型。该模型实现了对吹氧量、冷却剂加入量、终点温度和终点碳含量的准确预测。通过某钢厂 120t 转炉 Q235B 钢种的历史生产数据进行建模，并与其他两种模型进行比较，结果验证了该模型具有较高的终点命中率。朱光俊等人[6]通过对某钢厂转炉的历史数据进行了统计回归分析，得出了控制终点钢水碳含量与终点钢水温度的氧耗增量与废钢增量的多元回归方程，然后进行了优化处理，设计了一个转炉炼钢静态控制的优化模型。从以上研究成果可以看出，利用人工智能方法以及数学回归分析的方法建立转炉炼钢的静态控制模型是可行有效的，可以取得良好的控制效果。第 3 章验证了小波权重 TSVR 算法的在建立转炉预测模型方面的优越性，所以本章采用基于小波权重 TSVR 算法的碳温预测模型，分别从原材料的分量和总量两个角度，建立了转炉炼钢静态控制模型。静态分量控制模型结合鲸群优化算法，通过计算冶炼过程所需的吹氧量和各原材料加入量，使钢水终点碳含量和温度达到终点。与其他 3 种典型的优化算法相比，鲸群优化算法具有调节参数简单、运算速度较快等优点，以此建立的控制模型具有较高的精度；第 3 章验证了小波权重 TSVR 算法在改进的 TSVR 算法中的优越性，所以本章首先结合小波权重 TSVR 的建模思想，以此建立转炉炼钢的静态控制模型，其中包括氧料分量和氧料总量控制模型，建立的静态控制模型可计算出任意炉次所需的总吹氧量和原材料的加入量。两种模型的建模方法可为转炉炼钢的终点控制研究提供不同思路，且实验结果满足实际生产的要求。

4.2 转炉炼钢静态控制模型分析

4.2.1 转炉炼钢静态控制模型的分类及分析

转炉静态控制过程的流程图如图 4.1 所示。静态控制模型的精度将直接影响终点碳含量和终点温度的命中率。一般情况下，转炉炼钢的静态控制模型可分为以下 4 种类型：机理模型、统计模型、增量模型和智能模型。

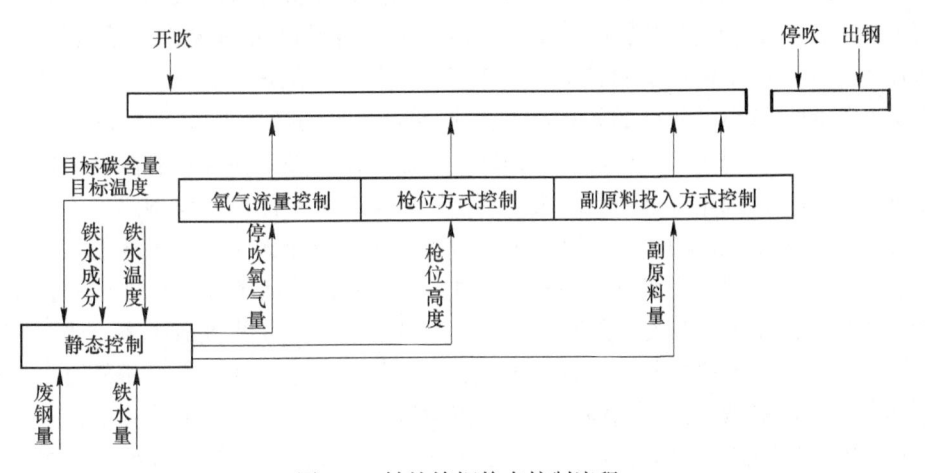

图 4.1 转炉炼钢静态控制流程

4.2.1.1 机理模型

机理模型指的是经过多年人工的经验得出的结论，建立转炉冶炼过程的物料平衡和热平衡方程，并通过对应的方程计算出整个过程中的某些物质的含量。

静态机理模型，利用转炉炼钢的冶炼机理并结合人工经验的方式，根据物质不灭定律和能量守恒定律，建立的物料平衡和热平衡方程，具有比较明确的物理意义。建模步骤大致如下：

（1）确定物料平衡和热平衡方程的假设条件和实验值；

（2）建立碳、锰、硫、磷等元素的物料平衡和热平衡方程式，物料平衡如图 4.2 所示，热平衡如图 4.3 所示；

（3）将平衡方程式转换为控制方程式；

（4）从控制方程式的角度对物料平衡和热平衡中的各项进行分类，分为待测值、目标值、其他未知量和应求量，用平衡方程式以外的假设或实验公式解出未知量；

（5）对方程进行联立求解，得到计算吹氧量和原材料加入量的公式。

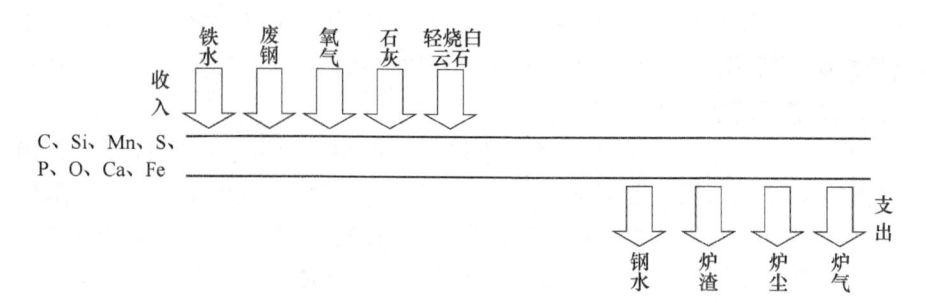

图 4.2 物料平衡示意图

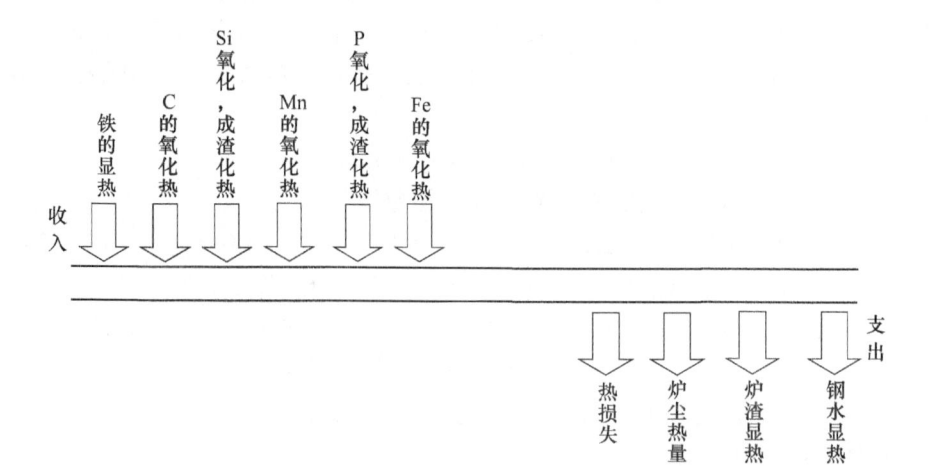

图 4.3 热平衡示意图

因为不同的模型含有不同的假设条件和实验值，因此本节仅介绍一种简单的机理模型[10]。氧耗量方程是通过冶炼一炉钢所需氧气的物料平衡的计算结果建立的。转炉炼钢中氧的主要来源是通过氧枪吹入熔池的氧气，另外一部分则来自铁水、废钢等原料中。氧主要用与碳、硅、硫和磷的反应，还有一部分用于锰和铁的氧化，因此，氧耗量方程可有如下表示：

$$
\begin{aligned}
V_{O_2} = \frac{1}{\xi} m_T \big[& 9.33 w_T(C) + 8.0 w_T(Si) + 2.04 w_T(Mn) + 9.03 w_T(P) + \\
& 2.0 w_T(\Delta Fe) - (m_G - m_F)(9.33 w_G(C) + 2.04 w_G(Mn)) - \\
& (m_G - m_F) 9.03 w_G(P) - m_K(1.55\alpha_1 + 2.1\alpha_2) + V_{O_2 \text{全燃烧}} \big]
\end{aligned} \tag{4.1}
$$

式中，V_{O_2} 为吹炼一炉钢的耗氧量，m^3；ξ 为氧气纯度，%；m_T 为铁水质量，t；m_G 为钢水质量，t；m_F 为废钢质量，t；m_K 为矿石质量，t；$w_T(C)$ 为铁水中碳含量，%；$w_T(Si)$ 为铁水中硅含量，%；$w_T(Mn)$ 为铁水中锰含量，%；$w_T(P)$ 为铁水中磷含量，%；$w_T(\Delta Fe)$ 为铁水中铁元素的氧化量，%；$w_G(C)$ 为钢水中碳含量，%；$w_G(Mn)$ 为钢水中锰含量，%；$w_G(P)$ 为钢水中磷含量，%；α_1 为矿石中 FeO 所占比例，%；α_2 为矿石中 Fe_2O_3 所占比例，%；$V_{O_2全燃烧}$ 为部分在炉内完全燃烧所消耗的氧气量，m^3。

除了计算吹氧量，还需要计算出原材料（废钢、石灰、白云石等）的加入量。其中，石灰加入量主要依据铁水中硅、磷含量和炉渣碱度来计算。一般情况下，铁水含磷、硫量低，炉渣碱度控制在 2.8~3.2；中等磷、硫含量的铁水，炉渣碱度控制在 3.2~3.5；磷、硫含量较高的铁水，炉渣碱度控制在 3.5~4.0。

如果铁水磷含量小于 0.3%，可通过下式计算：

$$石灰加入量(kg/t) = 2.14 \times w[Si] \times R \times 1000/w_{有效}(CaO) \qquad (4.2)$$

式中，2.14 为 SiO_2 与 Si 的分子量之比；R 表示碱度，其值等于 $w(CaO)$ 与 $w(SiO_2)$ 的比值；$w_{有效}[CaO]$ 表示有效指石灰中有效 CaO 含量，一般值都在 90% 左右，其计算公式如下：

$$w_{有效}[CaO] = w_{石灰}[CaO] - R \times w_{石灰}[Si] \qquad (4.3)$$

如果铁水磷含量大于 0.3%，石灰加入量为：

$$石灰加入量(kg/t) = 2.2 \times (w[Si] + w[P]) \times R \times 1000/w_{有效}(CaO) \qquad (4.4)$$

式中，2.2 为 $0.5 \times [(SiO_2/Si) + (P_2O_5/P)]$，表示分子量之比的平均值。

白云石加入量的计算主要取决于炉渣中所要求的 MgO 含量。通常情况下，炉渣中的 MgO 含量需控制在 6%~8%。由于石灰和炉衬侵蚀也会影响炉渣中的 MgO 含量，因此在确定白云石加入量时还要考虑它们的相互影响，其加入量可通过下式计算：

$$白云石加入量(kg/t) = w[渣] \times w(MgO) \times 1000/w_{白云石}(MgO) \qquad (4.5)$$

因为转炉炼钢是一个非常复杂的过程，整个过程中涉及的化学及物理反应非常多，所以在建立模型的时候需要考虑很多影响因素，在这个过程中有的因素难以描述，并且整个的过程还会受到随机因素的影响，这会造成机理模型的误差较大，所以这类模型的精度非常低，很难用于实际生产。通常情况下，机理模型仅用于理论分析。

4.2.1.2　统计模型

统计模型主要利用统计学的方法计算用于冶炼过程的相关加入量，通过获取大量的历史数据，计算吹氧量和原材料加入量的具体数值。

静态统计模型实际上是依据黑箱原理，其特点是只考虑模型输入与输出之间的关系，而忽略冶炼过程中的复杂反应，但是统计模型需要大量的实际生产数据支持，最后通过数学统计的方法，计算出冶炼过程中吹氧量和各原材料的用量。

吹氧量与矿石量的统计模型通式可由下式描述：

$$X_{(n)} = F[m_{(n)}；w_{(n)}；t_{(n)}；\tau_{(n)}X_{(n-1)}；Z_{(n)}；\delta_{(n)}] \qquad (4.6)$$

式中，F 为线性或非线性算子；$m_{(n)}$ 为废钢、石灰等原材料的加入量，t；$w_{(n)}$ 为铁水和终点钢水成分,%;$t_{(n)}$为铁水和终点钢水温度,℃;$\tau_{(n)}$为空炉时间,冶炼时间,min;$X_{(n-1)}$为上一炉的氧耗量或原料加入量,t;$Z_{(n)}$为其他因素(如氧压和枪位等);$\delta_{(n)}$为模型误差项或自适应项等。

由于静态统计模型只考虑输入与输出之间的统计关系,与机理模型相比,它的结构更简单,而且该模型具有一个的鲁棒性,可消除随机因素的对模型的影响,因而精度优于机理模型。但这类模型的主要问题是建模需要较强的条件性和针对性,而且建模需要大量的实际冶炼数据,这也给建模的前期准备工作造成很大难度。

4.2.1.3 增量模型

根据不同钢种的历史数据进行分组,通过某种算法来学习参考炉次的控制过程,并将所学到的内容用于指导本炉次的实际生产,然后在冶炼结束之后更新对应组别的参考炉次记录。

静态增量控制模型将冶炼过程的吹氧量和冷却剂加入量作为控制变量,将熔池终点碳含量和终点温度作为被控量,在构建模型过程中,不单单要借助物理或者化学等基础理论,也要关注再现性经验。针对某个具体的转炉,当原材料不存在任何差异时,引入相同的吹炼工艺,那么最终的冶炼效果必然也相同,这其实就是常说的冶炼再现性原理,也就是说假如冶炼现场按照上一炉同等的环境与条件,再次展开吹炼操作,最终结果必然与前面的操作相同。在构建增量模型过程中,将根据上述所提及的再现性原理,避免仅仅依赖于化学与物理理论的推导,最大程度的将建模过程简单化,切实提升所构建模型的可用性。

在计算与处理转炉炼钢静态增量模型时,具体过程是:基于参考炉次的前提下,关注该炉次和参考炉次间所有可能出现差异的因素,采用增量计算法构建冶炼过程对应的氧平衡与热平衡公式,进而求解出该炉次在冶炼时,所对应的吹氧量与各原材料的用量。

对于增量参考模型,基于参考炉次 Heat(k) 的冶炼结果前提下,比较该炉次(冶炼炉次)Heat(j) 和参考炉次 Heat(k) 之间所有可能出现差异的因素,采用增量计算公式求解热平衡与氧平衡方程,整理后可得:

$$w(j) - w(k) = \sum_{i=1}^{m} \{f_i[x_i(j)] - f_i[x_i(k)]\} - \sum_{l=1}^{n} \{p_l[y_i(j)] - p_l[y_i(k)]\}$$

$$(4.7)$$

$$v(j) - v(k) = \sum_{i=1}^{m} \{g_i[x_i(j)] - g_i[x_i(k)]\} - \sum_{l=1}^{n} \{q_l[y_i(j)] - q_l[y_i(k)]\}$$

$$(4.8)$$

式中,$w(j)$ 和 $w(k)$ 为冷却剂的计算值;$v(j)$ 和 $v(k)$ 为吹氧量的计算值;x_i 为影响冶炼过程的各成分以及温度等因素;y_l 为影响冶炼过程的各原材料用量等因素; j 为冶炼炉次; k 为参考炉次; m 为各成分以及温度等影响因素的数量; n 为各原料用量等影响因素的数量; $f_i[x_i(j)]$ 和 $f_i[x_i(k)]$ 为各成分、温度对冷却剂的影响关系式; $p_l[y_l(j)]$ 和 $p_l[y_l(k)]$ 为各原材料用量对冷却剂的影响关系式; $g_i[x_i(j)]$ 和 $g_i[x_i(k)]$ 为各成分、温度对吹氧量的影响关系式; $q_l[y_l(j)]$ 和 $q_l[y_l(k)]$ 为各原材料用量对吹氧量的影响关系式。

令:

$$s(k) = w(k) + \sum_{l=1}^{n} p_l[y_l(k)] \tag{4.9}$$

$$t(k) = v(k) + \sum_{l=1}^{n} q_l[y_l(k)] \tag{4.10}$$

式中, $s(k)$ 和 $t(k)$ 分别表示吨钢冷却能和吨铁氧单耗。

利用上式可以得到如下形式的热平衡和氧平衡方程:

$$s(j) = s(k) + \sum_{i=1}^{m} \{f_i[x_i(j)] - f_i[x_i(k)]\} \tag{4.11}$$

$$t(j) = t(k) + \sum_{i=1}^{m} \{g_i[x_i(j)] - g_i[x_i(k)]\} \tag{4.12}$$

通过参考炉次的加权学习, 并且求解出所对应的最佳冷却能 $\tilde{s}(j)$ 和氧单耗 $\tilde{t}(j)$ 后, 就能够求解得到冶炼过程所需的冷却剂和氧气的最佳用量:

$$\tilde{w}(j) = \tilde{s}(j) - \sum_{l=1}^{n} p_l[y_l(j)] \tag{4.13}$$

$$\tilde{v}(j) = \tilde{t}(j) - \sum_{l=1}^{n} q_l[y_l(j)] \tag{4.14}$$

静态增量控制模型具有以下特点:

(1) 构建模型时较为简便, 不再需要异常复杂化的推算与求解;

(2) 构建出的模型具有良好的控制精确度;

(3) 具备一定的鲁棒性;

(4) 利用参考炉次的不断更新, 确保模型具备特定的自我学习能力与炉况的跟踪能力。

尽管有上述优点, 转炉静态增量控制算法在实际生产过程中仍有一些局限性, 导致其无法顺利实施。(1)该模型的冷却剂方程与氧气量方程间关系并不明确, 而且针对具体过程需给出特定的假设, 相关数据需要近似化处理, 所以难以有效地代表热平衡与氧平衡; (2)构建的模型通过学习历史冶炼炉次的过程、增量计算并加权处理, 进而得到目标氧单耗与目标冷却能, 最后计算出本炉次所需的冷却剂量和吹氧量, 这基本上类似于"指数平滑法"的算法, 如等式 (4.15) 所示。

$$Y = D_0 + D_1 X_1 + D_2 X_2 + \cdots + D_n X_n \tag{4.15}$$

它的特点是只学习模型的自适应项 D_0（目标冷却能或目标氧单耗），并不会学习其他各项系数。这种算法在实际应用时，要确保在相同工艺条件进行生产。当工艺条件改变时，如果模型中的其他参数无法快速适应新条件，那么必然会影响模型的精度。其次，冶炼过程再现性实际上是构建增量参考模型的基础，不过实际应用过程中，国内绝大部分钢企在冶炼时操作不规范，不管是原材料还是冶炼工艺，均处于不断变化中，必然会影响到模型的精度，导致其无法起到应有的作用。

4.2.1.4 智能模型

根据转炉吹炼过程的输入和输出的实际生产数据，采用智能方法（如神经网络、支持向量机等）建立起输入和输出之间的映射关系。它无须掌握转炉吹炼过程的内部机理，但需要通过机理分析，确定影响输出的各个因素作为系统输入，然后通过调整模型的相关参数，得到精确的转炉模型。

众所周知，转炉炼钢为常见的多输入多输出过程，能够影响或者干扰结果的因素非常多，而且规律性不强，这些都给模型的构建带来了困难。与此同时，冶炼时边界条件始终处于动态变化阶段，导致利用物料平衡与热平衡构建的机理模型、利用数理统计构建的统计模型等无法达到预期的精度标准。具体操作时，增量模型和统计模型的控制效率与适应能力和预期值相差甚远，现阶段应用频率较高的增量模型也有一定的局限性。

径向基函数神经网络是一种高效的智能方法，逼近性能突出，BP 网络能够在短时间内完成学习任务，所有的结构参数均能够独立进行学习，而且收敛性非常好。神经网络的全称是径向基函数（radial basis function，RBF）神经网络。目前，RBF 已在多个领域广泛应用，并且取得了良好的应用效果。

径向基函数神经网络的具体结构如图 4.4 所示，其中包括输出层、隐藏层和输入层。其与常见的前馈网络存在较大的差异，隐层输入为径向基函数，对应的隐层输出为线性关系。这种网络的输入层与隐藏层间并非线性关系，因此具备很强的非线性逼近能力。在确定网络中心后，非线性关系也随之确定，网络的学习只能使用线性调整方法来调整隐藏层和输出层之间的权重，从而大大加快了学习速度。

在径向基神经网络中，选择高斯函数作为径向基函数，所以其对应的激活函数能够表述为：

$$R(\boldsymbol{x}_s - \boldsymbol{c}_i) = \exp\left(-\frac{\|\boldsymbol{x}_s - \boldsymbol{c}_i\|^2}{2\sigma^2}\right) \tag{4.16}$$

式中，$\|\boldsymbol{x}_s - \boldsymbol{c}_i\|$ 为欧式范数；$\boldsymbol{c}_i$ 为高斯函数的中心；σ 为高斯函数的方差。

通过径向基神经网络，能够求出网络的输出为：

$$y_j = \sum_{i=1}^{p} w_{ij}\exp\left(-\frac{\|\boldsymbol{x}_s - \boldsymbol{c}_i\|^2}{2\sigma^2}\right), \ j = 1, 2, \cdots, n \tag{4.17}$$

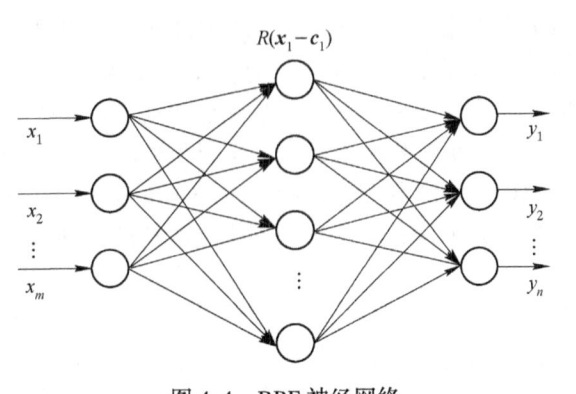

图 4.4 RBF 神经网络

式中, $\boldsymbol{x}_s = [x_1^s, x_2^s, \cdots, x_l^s]^T$ 是第 s 个输入样本 ($s = 1, 2, \cdots, m$), m 指的是样本总数; w_{ij} 指的是隐含层到输出层的连接权值, $i = 1, 2, \cdots, p$, p 指的是隐含层节点个数; y_j 指的是与输入样本对应的网络的第 j 个输出节点的实际输出。

设 $\boldsymbol{d}$ 是样本的期望输出,那么径向基函数的方差可表示为

$$\boldsymbol{\sigma} = \frac{1}{m} \sum_{j=1}^{l} \| \boldsymbol{d}_j - y_j \boldsymbol{c}_i \|^2 \tag{4.18}$$

RBF 神经网络常用的学习方法包括随机选择 RBF 中心法、自组织学习选择 RBF 中心法、监督学习选择 RBF 中心法,以及正交最小二乘法选取 RBF 中心法等。为了克服传统静态模型的弊端,以及转炉炼钢时自身所存在的非线性、大时滞以及无法高精度建模的特征,以 RBF 神经网络为基础建立的静态控制模型,充分发挥 RBF 神经网络在非线性问题内的任意逼近性与较强的学习能力,能够弥补传统模型的不足。

图 4.5 给出的静态控制模型将 C 均值 (fuzzy c-means, FCM) 聚类算法与 RBF 神经网络进行结合。(1)利用 FCM 无监督学习去不断优化网络结构,借助聚类合理性函数去寻找局部最优聚类中心。(2)参照 RBF 神经网络的映射结果,不断优化与调整聚类结果,掌握输出权重。通过以上措施,确定 RBF 隐藏层节点,

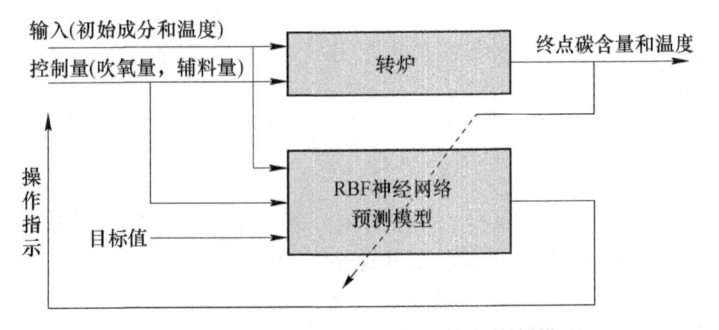

图 4.5 基于 RBF 神经网络的静态控制模型

赋予网络较高的映射精度。为了更好地建立与学习神经网络，计算熔炼时所需的原材料用量与吹氧量。输入节点代表影响吹氧量与原材料加入量的所有铁水中各成分以及温度等因素，输出节点代表总吹氧量与原材料加入量。实验结果表明，该模型的控制效果优于增量模型[10]。

4.2.2 基于 TSVR 和鲸群优化算法的静态控制模型

从 4.2.1 节的分析可以看出，与其他 3 类转炉静态控制模型相比，基于神经网络的转炉静态控制模型具有一定的优势，尽管基于神经网络的转炉炼钢预测和控制模型已经取得了很多成果，但是由于其建模方法的限制，求解过程中容易陷入局部最小值，同时，建模需要大量的样本避免欠拟合和过拟合问题。与之相比，TSVR 算法的核心是二次规划问题，其好处是目标函数具有全局最优解，很好地避免了局部最小问题，而且该方法合适小样本训练。在运算效率方面，传统的 SVR 算法通过求解一个大的二次规划问题得到回归函数，而 TSVR 则是求解两个小的二次规划问题，这样做的好处就是每个二次规划问题中的约束条件减少了一半，大大降低了运算量。第 3 章所提出的小波权重 TSVR 算法，在 TSVR 的基础之上，通过引入小波权重矩阵，进一步提升了 TSVR 算法的性能，因此本章针对转炉炼钢静态控制问题，采用小波权重 TSVR 算法建立转炉炼钢静态控制模型，通过控制总吹氧量和原材料用量，进而实现对终点碳含量和终点温度的控制。

本章首先研究转炉炼钢的静态分量控制模型，该模型采用如下控制策略：首先获取转炉的历史生产数据，利用铁水初始信息、吹氧量和原材料用量等信息，建立熔池终点碳含量和温度的预测模型，预测模型的参数根据历史数据进行调整，得到满足指标要求的预测模型，然后建立总吹氧量和原材料用量的优化模型，氧料优化模型的待优化变量通过碳温预测模型的反馈值进行调整，最终实现对熔池碳含量和熔池温度的终点控制。氧料优化模型是静态控制模型的核心模块，通过群体优化算法对各控制量进行调整，得到满足要求的吹氧量、废钢量、石灰量和轻烧白云石量。因此，优化过程是整个控制模型的核心部分，鲸群优化算法于 2016 年首次提出，具有调节参数简单、运算速度较快等优点。因此，本章选择鲸群优化算法实现各原材料加入量的优化，并与传统的优化方法进行比较，以验证所提出的静态分量控制模型的可行性和有效性。

4.3 鲸群优化算法

4.3.1 元启发式算法

在日常生活中，所有的生产与实践活动均会受到价值观念或者行为准则的制约，因此需要在有限的资源或者行为准则制约下，筛选出最可行方案以确保单个或者多个度量指标的最优化，这就是"最优化问题"。通常情况下的最优化指的是基于特定的资源环境找到最佳的解决方案，其目的是利用有限的资源追求最大的效能。

在古希腊时期求解极值问题时，就已经开始有了最优化问题的概念雏形。当时社会背景下，计算理论并不完善，而且计算工具也非常少，优化问题发展速度缓慢。在 18 世纪时期，牛顿创造微积分后，对优化理论的发展具有积极的意义，促进其快速发展。当时构建的优化法有梯度优化法和匀速下降法等，不过以上所提及的方法更多地被应用在局部优化问题中，数学基础薄弱。19 世纪中期，学者们提出了著名的泛函分析理论，对于优化法的发展具有非常重要的意义；进入 20 世纪后，工农业发展速度加快，科学技术在不断地创新与改革，最优化理论逐步趋于成熟。现阶段，人类已经迈向计算机信息时代，社会生产效率稳步提升，最优化技术取得了辉煌的成就，已经被应用到社会的各个领域内，比如交通信息、农业、工业、科学技术、新能源和社会经济等。大量应用实例表明，同等条件下在利用最优化技术处理后，系统的生产效率均有显著的提升，对资源的消耗逐步减少，资源利用效率不断提升，并且优化对象覆盖面越来越大，效果也更加突出，给整个社会带来无数的经济效益与社会效益。迈入新世纪后，整个社会逐步实现了连续化、规模化以及综合化，工程优化问题越来越多，也越来越复杂，比如过程操作、运输调度，以及系统控制等问题，所以对不同行业内的优化问题展开更为深入的探索与分析，积极构建优化体系与制度，对于社会的发展具有非常重要的意义。

生物学家探索昆虫的社会行为时，发现其个体的能力比较有限，而且随机性很强。昆虫群体利用个体间亲密无间的协调与组织，往往可以将复杂问题简单化，进而在短时间内将复杂问题加以解决。因此，很多计算机专家针对这种特殊群体行为展开了模拟研究，构建出专门解决复杂问题的新理念。除此之外，基于生物特性所构建的演化算法，对于生物群体智能行为的研究具有非常重要的意义。通过无数的实验与发展，逐步构建出基于群体智能的新算法。20 世纪 90 年代时，科学家们提出了"群体智能"的定义，其中"群"表示相互间具有影响与作用的智能个体联合创造的环境。智能体间能够完成通信或者调整周边环境进而达到间接通信的目的，并且能够结合反馈回来的信息展开调整与优化，因此具有良好的环境适应力与自我感知力。站在生物学家与社会学家的视角，群体智能多表现在大自然的生物活动中，比如：蚂蚁、蜜蜂或者鱼群等社会性群体动物进行觅食或者抵御外敌时所呈现出来的智能性；而站在计算机科学的视角，群体智能指的是某些非智能个体，利用彼此间间接或直接的关系，所呈现出来的集体智能化；站在应用科学的视角，群体智能指的是基于大自然中生物群体与人工智能理论为基础,不断探索群体行为规律性而构建的方法或者模型,并且将其应用到具体问题中,找到最优解。群体智能的实质是基于概率构建的随机搜索,无论所研究问题是否具有梯度性,都能够实现全局性优化。

智能优化算法又被称为元启发式算法,是根据概率统计理论所构建的随机搜索算法,其比较具有代表性的特征有:

(1) 能够模拟自然物种进化或者生物群体社会行为;

(2) 采用随机数而并非传统意义上的目标函数;

(3) 处理实际问题时,需视某些具体问题的具体情况做出相应的调整,确保参数具有合理性。

将其和传统利用梯度构建的方法与演化算法对比,这种算法的优势在于:

(1) 鲁棒性能优越。体现在其具有分布式搜索特征,并不会由于个体出现故障而导致整体搜索结果出现偏差或者错误,因此鲁棒性能优越。

(2) 自组织性能突出,个体行为比较简单。进行搜索时,先识别出局部信息随后实时优化搜索过程,协同与优化过程较为复杂化,并且具有很强的智能性。

(3) 通信成本非常低。整体利用非直接的通信进行交互,确保所选的算法具有良好的扩展性。

(4) 问题不存在较强的依赖性。整个算法对于优化稳定的连续性或者可导性等并没有具体的要求。

(5) 算法比较简单,操作难度较小。所有过程均利用自然行为去模拟,并不需要构建复杂化的数学模型。

元启发式算法通过模仿生物行为或物理现象来解决最优化问题,大体上可分为 3 类:基于进化的优化算法、基于物理现象的优化算法和基于群体生物行为的优化算法,具体的分类情况如图 4.6 所示。

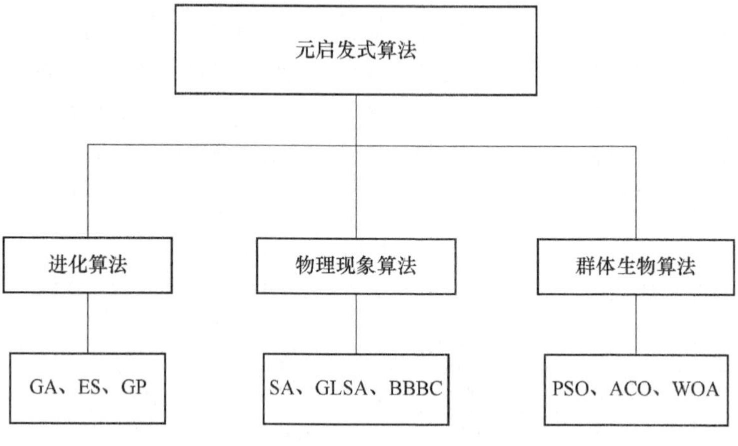

图 4.6 元启发式算法的分类

　　基于进化的优化算法受到自然进化定律的启发，搜索过程始于一个随机生成的能够进化后代的种群，这种方式的优点是下一代的个体是由上一代中最优秀的个体结合在一起产生的，这就能让物种在几代的进化中得到优化。最具代表性的进化算法是受到达尔文进化论启发而产生的遗传算法（genetic algorithms，GA）[11]，其他基于进化的优化算法包括：进化策略（evolution strategy，ES）[12]、概率增量学习（probability-based incremental learning，PBIL）[13]、遗传编程（genetic programming，GP）[14]、生物地理学优化算法（biogeography-based optimizer，BBO）[15]。

　　基于物理现象的优化算法是模拟宇宙中的物理规律，具有代表性的算法包括模拟退火算法（simulated annealing，SA）[16]、引力局部搜索算法（gravitational local search，GLSA）[17]、大爆炸算法（big-bang big-crunch，BBBC）[18]和黑洞算法（black hole，BH）[19]。

　　基于群体的优化算法主要通过模拟在不同环境中的群体动物行为实现优化功能，最具代表性的成果是粒子群算法（particle swarm optimization，PSO）[20]，粒子群算法是受到了鸟群行为的启发，它使用一些粒子（候选解）在搜索空间中飞行，以找到最佳的解决方案（即最佳位置）。同时，这些粒子都在它们自己的路径中跟踪最佳的位置（最优解）。蚁群算法（ant colony optimization，ACO）[21]的灵感来自蚁群行为，事实上，蚂蚁在寻找离巢最近的路径和食物来源的群体智能是该算法的主要灵感来源。由于 PSO 算法性能比基于进化和物理现象的优化算法更为强大，因此，基于群体的优化算法受到更多学者的关注，其发展历史见表 4.1。基于群体的算法在后续的迭代中保留搜索空间信息，而基于进化的算法则在新种群形成时丢弃一些信息，基于群体的优化算法通常包括较少的运算变量，因此更容易实现。2016 年，格里菲斯大学的 Mirjalili 等人[39]提出了鲸群优化算法（whale optimization algorithm，WOA），它通过模仿鲸鱼狩猎捕食的行为进而提出的一种新的优化算法，与其他优化算法相比，其优势在于调节参数简单，运算速度较快。因此本章在深入研究该算法的基础上，针对转炉炼钢的静态控制问题，结合上一章提出的碳温预测模型，主要研究如何利用 WOA 算法对吹炼过程的吹氧量和废钢等原材料加入量进行优化，优化后的结果对于转炉炼钢的实际成产有一定的借鉴意义。

表 4.1　基于群体的优化算法发展表[20-39]

算法	灵感来源	提出时间	算法	灵感来源	提出时间
PSO	鸟群	1995 年	TA	析白蚁群	2005 年
MBO	蜜蜂	2001 年	ACO	蚁群	2006 年
AFSA	鱼群	2003 年	ABC	蜜蜂	2006 年

算法	灵感来源	提出时间	算法	灵感来源	提出时间
WSA	寄生蜂	2007年	FA	萤火虫	2010年
MS	猴子	2007年	HS	动物群	2010年
WPSA	狼群	2007年	BMO	鸟类交配	2012年
BCPA	蜜蜂	2008年	KH	磷虾群	2012年
CS	布谷鸟	2009年	FOA	果蝇	2012年
DPO	海豚	2009年	DE	海豚	2013年
BA	蝙蝠	2010年	WOA	鲸群	2016年

4.3.2 鲸群优化算法的基本原理

鲸鱼优化算法是一种通过模拟鲸鱼捕食的行为进行建模得到的新型优化算法。鲸鱼通过猎物的气味寻找位置并进行包围，假设气味所反应的猎物位置为当前最优位置或接近最优位置，定义一定数量虚拟的座头鲸作为搜索代理，通过对比各种搜索代理的可行解寻找最优解，作为座头鲸下一个位置向量，同时其他搜索代理更新自身位置，以此完成寻找最优解的策略。在该算法中，每个座头鲸的位置代表一个可行解，座头鲸在狩猎过程中需要包围猎物。为了描述这种行为，通过下述数学模型描述：

$$\tau = \left| E \cdot X^*(t) - X(t) \right| \tag{4.19}$$
$$X(t+1) = X^*(t) - \tau P \tag{4.20}$$

式中，t 是当前迭代数；P 和 E 是系数向量；X^* 表示当前最优解的位置向量；$X(t)$ 表示当前座头鲸的位置向量；P 和 E 可通过下列方程计算：

$$P = 2ar_1 - ae \tag{4.21}$$
$$E = 2r_2 \tag{4.22}$$

式中，r_1 和 r_2 是在 [0，1] 区间内的随机向量；a 为一个从 2 到 0 线性减小的变量。

根据座头鲸的捕食行为，它还会以螺旋运动向猎物游去，因此，其数学模型可表示为：

$$X(t+1) = X^*(t) + \tau_p e^{\varepsilon v} \cdot \cos(2\pi v) \tag{4.23}$$

式中，$\tau_p = \left| X^*(t) - X(t) \right|$ 表示鲸鱼和猎物之间的距离；ε 是一个常数，用于描述螺旋运动的形状；v 是在 [-1，1] 区间内的随机向量。

值得注意的是，座头鲸不仅采用螺旋方式游向猎物，而且还会采用包围猎物的形式。这表明包围猎物或螺旋猎游策略是由座头鲸活动的概率决定的。

为了提高可行解的多样性，采用如下公式：

$$\tau = |\boldsymbol{E} \cdot \boldsymbol{X}_{\text{rand}} - \boldsymbol{X}(t)| \tag{4.24}$$

$$\boldsymbol{X}(t + 1) = \boldsymbol{X}_{\text{rand}} - \tau \boldsymbol{P} \tag{4.25}$$

式中，$\boldsymbol{X}_{\text{rand}}$ 表示鲸鱼的随机位置向量。采用这个公式可以避免算法在优化过程中陷入局部最小的问题，因此可以提高 WOA 算法的全局搜索能力。该公式和包围猎物的搜索方程是相似的，它们都属于包围机制。

鲸群算法首先对种群进行初始化，即选择一组随机解。在每次迭代中，搜索代理基于上面讨论的 3 种搜索方法更新它们的位置。当前搜索代理的下一个位置由式（4.26）计算。在迭代过程中，a 从 2 下降到 0，$\boldsymbol{P}$ 是在区间 $[-a, a]$ 中的随机向量。假设在包围机制和螺旋运动之间存在 50% 的概率选择。如果随机数 $p \geq 0.5$，则通过螺旋运动的方式更新当前代理的下一个位置。如果 $p < 0.5$，下一个位置由包围机制决定。如果 $a \geq 1$，则采用多样性搜索机制搜索猎物，即在整个解域中随机地选择搜索代理。这样做的好处是鲸鱼的位置更新到更多区域，以便鲸鱼能够找到更合适的猎物。如果 $a < 1$，采用包围猎物的方式更新搜索代理的位置。最后，通过反复迭代，直到找到最优解为止。

$$\boldsymbol{X}(t + 1) = \begin{cases} \begin{cases} \boldsymbol{X}^*(t) - \tau \boldsymbol{P}, & \text{当} a < 1, \\ \boldsymbol{X}_{\text{rand}} - \tau \boldsymbol{P}, & \text{当} a \geq 1, \end{cases} & \text{当} p < 0.5 \\ \boldsymbol{X}^*(t) + \tau_p \mathrm{e}^{\varepsilon v} \cdot \cos(2\pi v), & \text{当} p \geq 0.5 \end{cases} \tag{4.26}$$

4.4 基于小波权重 TSVR 和 WOA 的转炉炼钢终点静态分量控制模型

终点碳含量和终点温度是影响钢水质量的重要指标，转炉炼钢的最终目标是如何对转炉进行控制，使终点碳含量和终点温度达到满意的指标范围。然而转炉炼钢的吹炼过程是一个非常复杂的物理化学过程，直接建立数学模型难度较大，因此，可采用上一章提出的碳温预测模型，得到转炉终点碳温预测模型，在预测模型的基础上，结合鲸群优化算法，计算出吹氧量、废钢、轻烧白云石和石灰等加入量，进而确保未来炉次的钢水碳含量和温度达到终点。

本章建立了一种基于小波权重 TSVR 和 WOA 的静态分量控制模型，该控制模型的系统框图如图 4.7 所示，控制模型由一个碳温预测模型，一个氧料优化模型（WOA）、一个参数调整单元 R_1、一个控制器和转炉组成。首先要建立碳温预测模型，它是由一个碳含量预测模型和一个温度预测模型组成，这两个预测模型的输入为铁水信息、总吹氧量、废钢加入量、轻烧白云石加入量和石灰加入量（x_1-x_7，V，W_1，W_2，W_3），输出为终点碳含量（C_p）和终点温度（T_p）。

在调整单元 R_1 中，模型参数根据碳含量或温度的预测值（C_p 或 T_p）与实际值（C_r 或 T_r）的误差最小原则进行调整；模型的参数选取根据一定数量历史炉

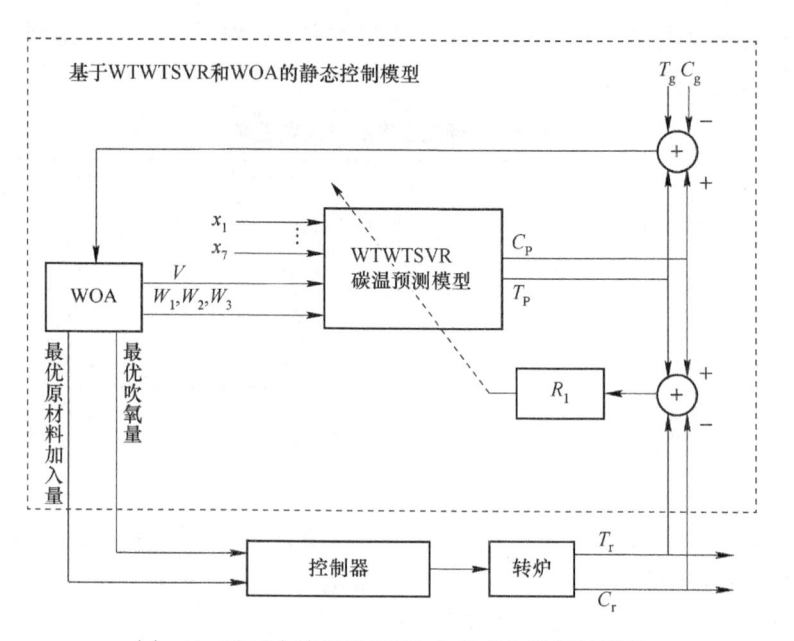

图 4.7　基于小波权重 TSVR 的静态分量控制模型

次的数据样本，确定训练样本和测试样本的数量，设置模型的初始参数，将训练样本代入小波权重 TSVR 模型进行训练，然后根据预测误差最小的原则对模型参数进行调整，直到得到最优参数为止，最后将测试样本代入训练好的模型中验证式（2.1）中的相关性能指标。一旦确定了系统参数，即完成了静态控制模型的建立，并保存系统的参数。

建立碳温预测模型后，在其基础上使用鲸群优化算法对氧气量和各原材料加入量进行优化，分别计算出总吹氧量（V）、废钢加入量（W_1）、轻烧白云石加入量（W_2）和石灰加入量（W_3），根据碳温预测模型的输出值（C_p 或 T_p）与目标值（C_g 或 T_g）的误差最小化原则进行优化，然后将优化后的结果传递给控制器。控制器可根据吹氧量和原材料加入量的具体数值对转炉（BOF）进行控制。对于未来任意炉次，将当前铁水的初始信息以及期望的终点信息输入静态控制模型中，模型将计算出达到终点所需的吹氧量和原材料加入量，通过执行单元控制转炉，最终控制钢水碳含量和温度达到终点。

4.4.1　碳温预测模型的建模过程

为了实现转炉炼钢的静态控制，首先要设计精确的转炉炼钢终点预测模型，因为预测模型是建立控制模型的基础，采用历史炉次的数据信息，通过机理分析，分析并确定影响转炉炼钢终点信息的主要因素，也就是说这些影响因素可以作为预测模型的输入变量。表 4.2 列出了静态预测模型的输入变量，静态模型的输出变量为终点碳含量或终点温度。所提出的静态控制模型中的碳温预测模型采用第三章建立的预测模型。

表 4.2 预测模型的输入变量表

输入变量	符号	单位	输入变量	符号	单位
铁水碳含量（质量分数）	x_1	%	铁水磷含量（质量分数）	x_7	%
铁水温度	x_2	℃	总吹氧量（标态）	$x_8(V)$	m³
铁水质量	x_3	t	废钢加入量	$x_9(W_1)$	t
铁水硅含量（质量分数）	x_4	%	轻烧白云石加入量	$x_{10}(W_2)$	t
铁水锰含量（质量分数）	x_5	%	石灰加入量	$x_{11}(W_3)$	t
铁水硫含量（质量分数）	x_6	%			

根据第 3 章提出的转炉炼钢静态模型的建模方法，利用转炉的历史数据，确定训练样本和测试样本的数量。在调整单元 R_1 中，调整并选取适当的模型参数，可以建立静态碳温预测模型，其数学描述如下：

$$f_{C/T}(\boldsymbol{x}) = \frac{1}{2}K(\boldsymbol{x}^{\mathrm{T}}, \boldsymbol{A}^{\mathrm{T}})(\boldsymbol{\omega}_1 + \boldsymbol{\omega}_2)^{\mathrm{T}} + \frac{1}{2}(b_1 + b_2) \tag{4.27}$$

式中，$\boldsymbol{x} = [x_1, x_2, \cdots, x_{11}]^{\mathrm{T}}$；$f_{C/T}(\boldsymbol{x})$ 表示终点碳含量或终点温度的回归模型。

4.4.2 氧料分量优化模型的优化过程

静态控制模型的核心是计算出各炉次所需的总吹氧量和各原材料的加入量，使得钢水碳含量和温度达到终点范围。与传统的机理控制模型的计算方法不同，本节结合智能优化的思想，以第 3 章建立的碳温预测模型为基础，对各炉次的氧料量（总吹氧量、废钢加入量、石灰加入量和轻烧白云石）加入量进行优化，优化后的最优结果即为各用量的计算值，可供实际现场生产参考。

在实际生产过程中，根据表 4.2 可知，前 7 个输入变量可在吹氧前获得，即为已知变量，后 4 个为待优化变量（氧料量），需要通过优化方法计算得到。本节采用鲸群优化算法，结合式（4.26）中的优化策略，同时对这 4 个变量进行调整，每次迭代都将调整量代入碳温预测模型中得到对应的终点碳含量和温度预测值，并与目标值进行比较，在完成规定次数的迭代后，预测值与目标值之间误差最小的那组变量，即为氧料量的最优值，整个优化过程可归结为求解如下优化问题：

$$\min_{\boldsymbol{x}} f_{fit}(\boldsymbol{x})$$
$$\text{s. t.} \qquad -1e \leqslant \boldsymbol{x} \leqslant 1e \tag{4.28}$$

式中，$f_{fit}(\boldsymbol{x}) = (f_{C/T}(\boldsymbol{x}) - D_{C/T})^2$ 称为适应度函数；$\boldsymbol{x}$ 为由四个归一化变量组成；$f_{C/T}(\boldsymbol{x})$ 为碳温预测模型的预测值；$D_{C/T}$ 为终点碳含量或终点温度的目标值。

具体的优化过程可以描述如下：

步骤 1：读取待优化的转炉数据，对数据进行归一化处理。

步骤 2：初始化模型参数，如变量数量、待优化变量的上界和下界、种群数量，以及迭代次数。

步骤 3：随机产生种群数量的初始解，每组解与表 4.2 中的输入变量 x_1-x_7 合并，作为输入数据代入碳温预测模型，分别得到碳含量和温度的预测值。

步骤 4：根据适应度函数 $f_{fit}(x)$，计算每组解的适合度，保存当前适应度最小的最优解。

步骤 5：如果当前迭代次数小于最大迭代次数，则更新 a、r、P、v 和 p，利用式（4.26）确定下次迭代所需的解，检测是否存在超出搜索空间的解，如果有则将其映射到可行域中的随机位置，重复步骤 4 和 5。否则，返回最优解，完成氧料量的优化。

4.4.3　仿真实验验证与分析

为了验证转炉炼钢静态控制模型的有效性，首先同样选取第 3 章使用的 200 组低碳钢数据，150 组数据用于模型的训练，50 组数据作为测试数据验证模型的精度。根据表 4.2 给出的输入变量，完成碳温预测模型的数据准备，根据第 3 章给出的建模步骤，完成碳温预测模型的数学建模。然后，将 50 组测试数据中的总吹氧量、废钢加入量、石灰加入量和轻烧白云石加入量作为未知变量，结合 WOA 优化算法和碳温预测模型，利用 4.4.2 节给出的优化步骤，依次对每一炉次中的这 4 个变量同时优化，得到的最优组合如果接近测试数据中记录的各个加入量的数值，则达到了静态控制模型的控制效果。因为测试数据为现场采集的实际生产数据，其吹氧量和各原材料加入量的数值能够反映出该炉次在当时工况情况下采集得到的结果，在所提出的静态控制模型中，除了待优化的 4 个变量，该炉次的其他信息与数据中的信息完全一致，这些信息均可以在吹炼之前获得，因此，如果优化后得到的 4 个变量接近该炉次在测试数据中记录的数值，则说明控制模型在相同工况下计算结果与实际现场相匹配，优化结果可为实际生产提供指导。

4.4.3.1　氧料优化模型的优化结果

由氧料优化模型的建模步骤可知，首先读取一个炉次的数据信息，对数据进行归一化处理，此时数据中不包含 4 个待优化的变量。然后确定鲸群优化算法的相关参数，本次实验选取优化变量数量为 4，变量的搜索范围为 [-1, 1]，种群数量为 30，迭代次数为 500。

第一次迭代将随机产生 30 组初始解，分别计算出各组解的适应度，保存适应度最小的那组解作为当前最优解，完成本次迭代。进入下一次迭代时，根据鲸群优化策略，更新 30 个解的位置，并得到适应度最小的一组解与当前最优解进行比较，保存适应度较小的那组解。500 次迭代后，适应度最小的那组解即为全局最优解，通过反归一化处理，得到吹氧量及各原材料加入量的优化数值，完成该炉次的优化过程。按照以上流程，对测试数据中的 50 个炉次依次优化，并与数据中的实际值进行对比，以验证氧料优化模型的优化效果。图 4.8 是优化后碳含量和温度的预测效果，可以看出每个炉次在 500 次迭代以后，碳含量和温度的预测值与数据中的实际值几乎一致，说明在寻优过程中，WOA 算法已经找到与实际值匹配条件下的吹氧量、废钢加入量等 4 个变量的最优组合。

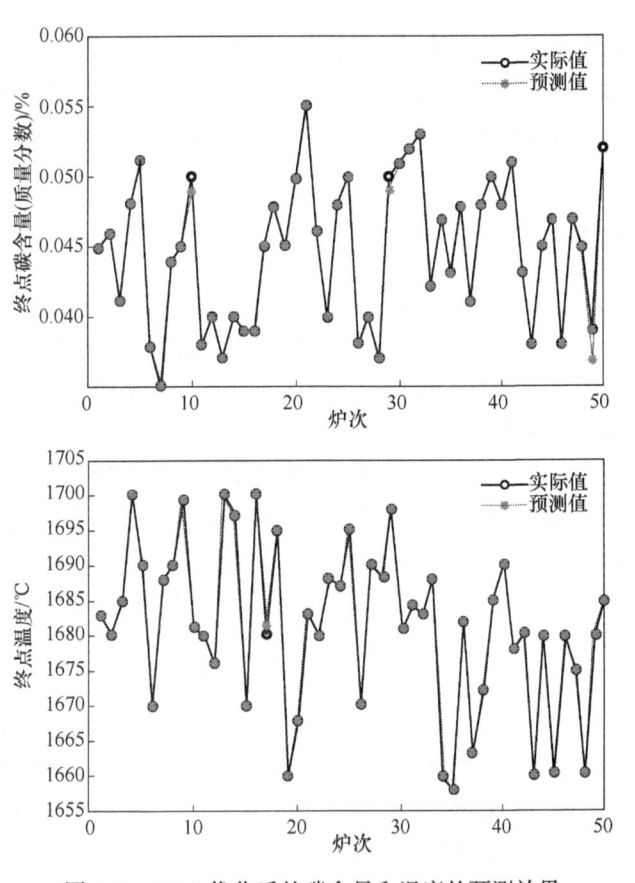

图 4.8   WOA 优化后的碳含量和温度的预测效果

图 4.9~图 4.12 为 50 个炉次的吹氧量、废钢加入量等四个变量的优化效果。从图 4.9 可以看出，第 15、30、40、42 和 48 炉的总吹氧量计算误差在 1000m^3 左右，其他炉次的总吹氧量在优化后与实际值的拟合程度较好。经过计算，氧料优化模型对 50 个炉次吹氧量（标态）优化后的 RMSE 为 359.7400m^3，MAE 为 403.0018m^3，即所提出的优化模型对总吹氧量的优化误差约为 400m^3。

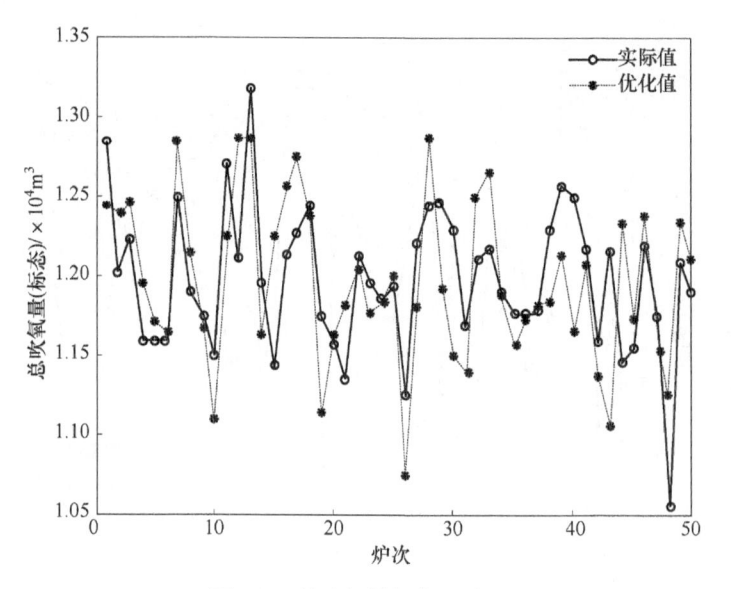

图 4.9　总吹氧量的优化效果

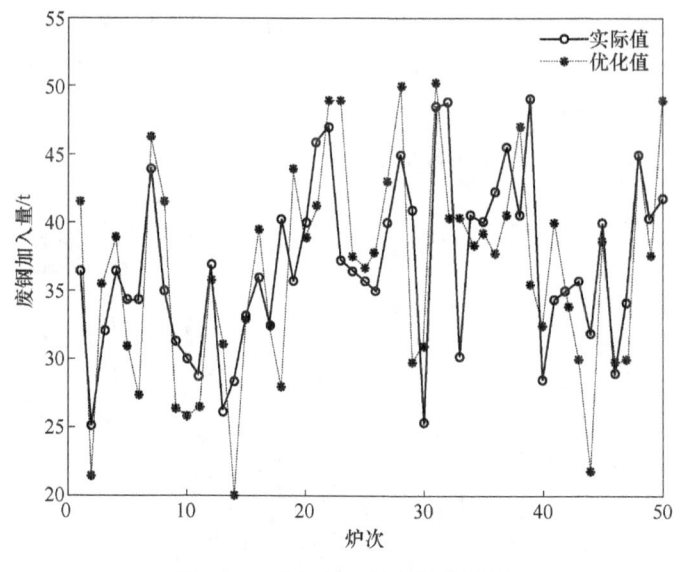

图 4.10　废钢加入量的优化效果

从图 4.10 可以看出，第 19、32、33、39 和 44 炉的废钢加入量计算误差在 10t 左右，其他炉次的废钢加入量在优化后与实际值的拟合误差较小。经过计算，氧料优化模型对 50 个炉次废钢加入量优化后的 RMSE 为 5.2080t，MAE 为 6.2416t，即所提出的优化模型对废钢加入量的优化误差约为 6t。

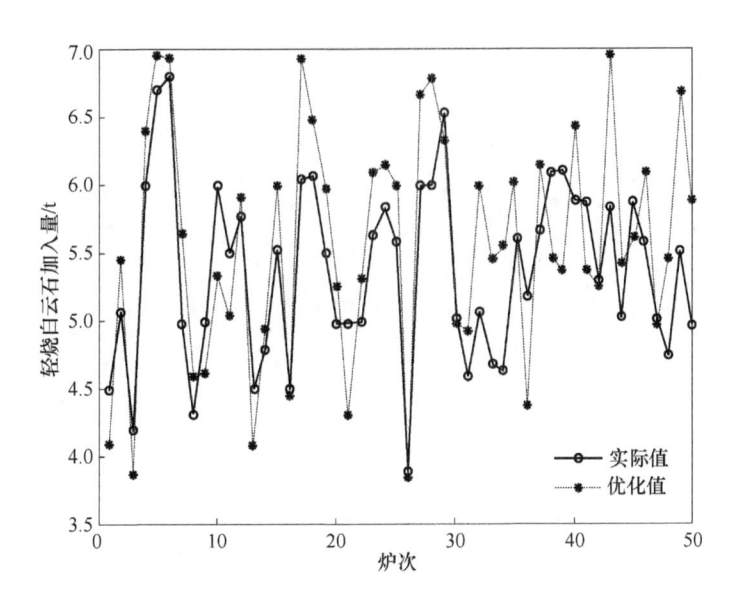

图 4.11　轻烧白云石加入量的优化效果

从图 4.11 可以看出，第 43 和 49 炉的轻烧白云石加入量计算误差在 1.5t 左右，其他炉次的轻烧白云石加入量在优化后与实际值的误差均小于 1t。经过计算，氧料优化模型对 50 个炉次轻烧白云石加入量优化后的 RMSE 为 0.6768t，MAE 为 0.7519t，即所提出的优化模型对轻烧白云石加入量的优化误差约为 0.7t。

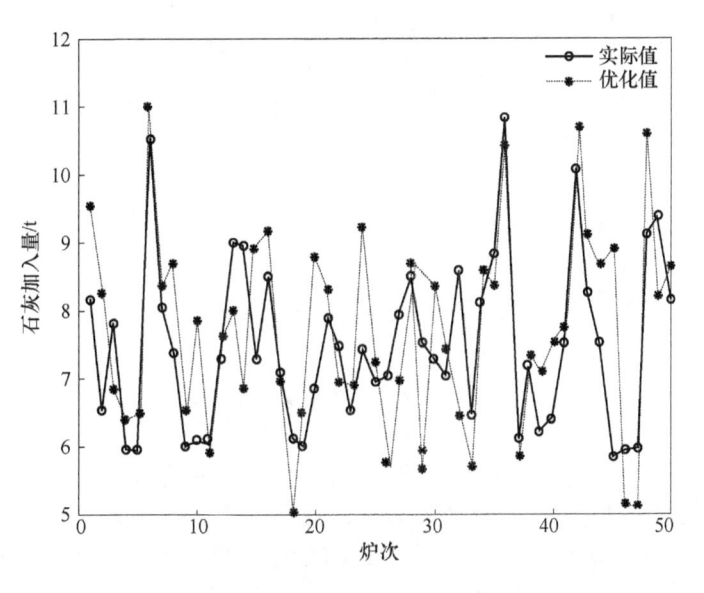

图 4.12　石灰加入量的优化效果

从图 4.12 可以看出，第 10、24、29 和 45 炉的石灰加入量计算误差在 2t 左右，其他炉次的石灰加入量在优化后与实际值的误差均小于 2t。经过计算，氧料优化模型对 50 个炉次石灰加入量优化后的 RMSE 为 1.1906t，MAE 为 1.2357t，即所提出的优化模型对石灰加入量的优化误差约为 1.2t。

通过以上分析，可以看出上述结果仅有个别炉次的偏差较大，总体的优化结果可为实际生产提供指导信息，验证了采用鲸群优化算法对吹氧量和废钢等加入量同时进行优化的静态控制策略是可行的。

4.4.3.2 4 种优化模型的结果对比

为了验证模型的有效性，需要使用其他优化算法对相同炉次信息进行验证，本章选取的对比算法为 3 种典型的群体优化算法，分别为粒子群（PSO）算法、蚁群（ACO）算法和蝙蝠（BAT）算法。建模条件均与 WOA 优化算法相同，种群数量为 30、迭代次数 500，仿真结果见表 4.3。

表 4.3 4 种优化算法的效果对比

控制量	RMSE				MAE			
	WOA 算法	PSO 算法	BA 算法	ACO 算法	WOA 算法	PSO 算法	BA 算法	ACO 算法
吹氧量/m³	359.7400	423.8697	448.8697	446.8894	403.0018	492.2947	532.5457	527.0942
废钢/t	5.2080	6.1185	6.8540	6.2450	6.2416	6.8546	6.8356	7.4194
轻烧白云石/t	0.6768	0.9580	0.7492	0.7466	0.7519	1.0902	0.8707	0.8182
石灰/t	1.1906	1.2893	1.2794	1.4884	1.2357	1.4010	1.3190	1.6723

从表 4.3 的结果可以看出，WOA 算法在 4 个变量的优化误差均优于其他 3 种算法。吹氧量的优化精度比其他 3 种算法高了 64~124m³，废钢加入量的优化精度优于其他算法 0.9~1.2t，轻烧白云石和石灰加入量的优化精度分别优于其他算法 0.1~0.2t 和 0.1~0.3t。因此，所采用的氧料优化算法 WOA 在总体表现上比 PSO、BA 和 ACO 算法好，优化结果可为实际生产提供指导。

基于上述分析，可以得出，所提出的静态控制模型是有效可行的，结果能够满足低碳钢实际生产的要求。对于其他钢种，可通过以下步骤进行建模：首先，对具体样本进行数据预处理，并对影响该钢种终点信息的因素进行分析，确定预测模型的输入变量。输出变量与上述预测模型相同。其次，由于不同钢种的终点信息和误差容限不同，因此，需要确定该钢种的模型指标。最后，利用此前给出的建模方法确定模型的系统参数，可通过控制模型优化出所需的吹氧量、废钢加入量、轻烧白云石加入量和石灰加入量。

4.5 基于小波权重 TSVR 的转炉炼钢终点静态总量控制模型

与静态分量控制模型不同，本节从固体原材料总量计算的角度出发，建立一种基于小波权重 TSVR 的静态总量控制模型。该控制模型无须对控制量进行优化，而是采用直接预测的方式计算吹氧量和原材料加入量。其系统框图如图 4.13 所示。

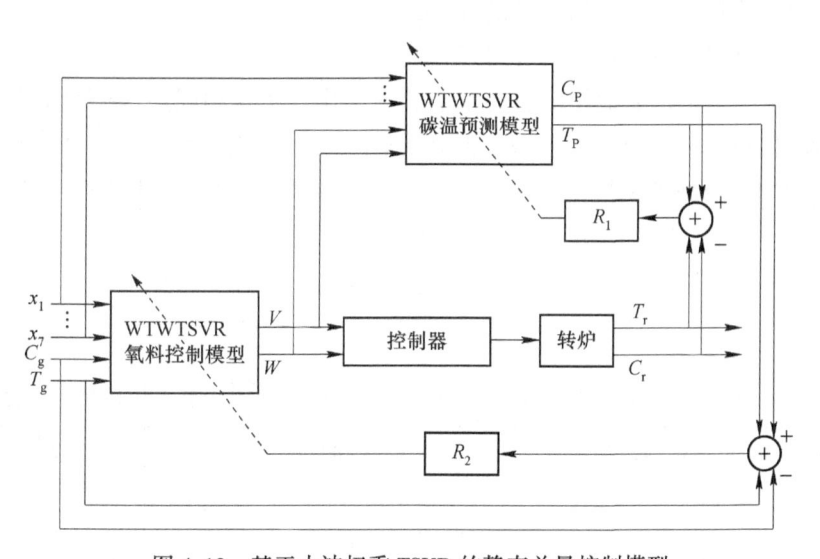

图 4.13 基于小波权重 TSVR 的静态总量控制模型

根据初始铁水的各成分信息（$x_1 \sim x_7$）、终点碳含量期望值（C_g）和终点温度期望值（T_g），能够计算出某一炉次所需的总吹氧量（V）和原材料加入总量（W），达到控制钢水终点碳含量和终点温度的目的。

静态总量控制模型由一个碳温预测模型，一个氧料控制模型、两个参数调整单元（R_1 和 R_2）、一个控制器和转炉组成。首先要建立碳温预测模型，它是由一个碳含量预测模型（C_Model）和一个温度预测模型（T_Model）组成，这两个预测模型的输入为铁水中各成分的含量、总吹氧量和原材料加入量，输出为终点碳含量（C_p）和终点温度（T_p）。

在调整单元 R_1 中，模型参数根据碳含量或温度的预测值（C_p 或 T_p）与实际值（C_r 或 T_r）的误差最小原则进行调整；建立碳温预测模型后，在其基础上建立氧料控制模型，它是由吹氧量控制模型（V_Model）和原材料加入量控制模型（W_Model）组成，两个模型的输入包括铁水中各成分的含量（$x_1 \sim x_7$），以及终点碳含量理想值（C_g）和终点温度理想值（T_g），输出分别为总吹氧量和原材料加入量，原材料包括轻烧白云石、石灰和废钢等材料，原材料加入量表示上述材料的加入量之和，在调整单元 R_2 中，模型参数根据碳温预测模型的输出值（C_p 或 T_p）与目标值（C_g 或 T_g）的误差最小化原则进行调整。碳温预测模型和氧料控制模型的参数选择过程与静态分量控制模型中的碳温预测模型类似。

通过选择合适的系统参数，可完成静态总量控制模型的建立，并保存系统的参数。对于未来任意炉次，将当前铁水的初始信息以及期望的终点信息输入静态总量控制模型中，模型将计算出达到终点所需的总吹氧量和原材料总加入量，然后将信息传递给控制器，根据各个用量对转炉进行控制，使钢水碳含量和温度达到终点。

4.5.1 碳温预测模型的建模过程

首先要建立转炉炼钢终点的碳温预测模型，表 4.4 列出了静态预测模型的输入变量，静态模型的输出变量为终点碳含量或终点温度。

表 4.4 预测模型的输入变量表

输入变量	符号	单位	输入变量	符号	单位
铁水碳含量（质量分数）	x_1	%	铁水硫含量（质量分数）	x_6	%
铁水温度	x_2	℃	铁水磷含量（质量分数）	x_7	%
铁水重量	x_3	t	总吹氧量（标态）	$x_8(V)$	m³
铁水硅含量（质量分数）	x_4	%	原材料加入量	$x_9(W)$	t
铁水锰含量（质量分数）	x_5	%			

值得注意的是，为了降低模型输入变量的维度及为后续建立控制模型奠定良好的基础，本章所提出的预测模型的输入变量数量与之前提出的碳温预测模型不同，本章的预测模型输入变量 x_9 表示所有辅助原材料的加入量之和，即轻烧白云石、石灰和废钢等材料的质量之和。根据第三章提出的转炉炼钢静态模型的建模方法，利用转炉的历史数据，确定训练样本和测试样本的数量。在调整单元 R_1 中，调整并选取适当的模型参数，可以建立静态碳温预测模型（C_Model 或 T_Model），其数学描述如下：

$$f_{C/T}(\boldsymbol{x}) = \frac{1}{2}K(\boldsymbol{x}^{\mathrm{T}}, \boldsymbol{A}^{\mathrm{T}})(\boldsymbol{\omega}_1 + \boldsymbol{\omega}_2)^{\mathrm{T}} + \frac{1}{2}(b_1 + b_2) \qquad (4.29)$$

式中，$\boldsymbol{x} = [x_1, x_2, \cdots, x_9]^{\mathrm{T}}$；$f_{C/T}(\boldsymbol{x})$ 表示终点碳含量或终点温度的回归模型。

4.5.2 氧料总量控制模型的建模过程

利用建好的碳温预测模型，进一步建立转炉炼钢的氧料总量控制模型。氧料总量的控制可通过直接预测的方式实现，即采用小波权重 TSVR 算法建立总吹氧量和原材料总加入量的预测模型，达到对这两个控制量的控制目的。通过机理分析可以发现，吹氧量和原材料加入量跟铁水的初始信息有关，同时，也跟终点碳含量和终点温度的期望值有关。因此，表4.5列出了控制模型的输入变量，其中输入变量 $x_1 \sim x_7$ 与碳温预测模型的输入相同，另外两个输入变量分别是碳含量的期望值 C_g 和期望的温度 T_g，控制模型的输出变量为吹氧量或原材料加入量。

表 4.5　控制模型的输入变量表

输入变量	符号	单位	输入变量	符号	单位
铁水碳含量（质量分数）	x_1	%	铁水硫含量（质量分数）	x_6	%
铁水温度	x_2	℃	铁水磷含量（质量分数）	x_7	%
铁水质量	x_3	t	终点碳含量期望值（标态）	$x_8(C_g)$	m³
铁水硅含量（质量分数）	x_4	%	终点温度期望值（标态）	$x_9(T_g)$	t
铁水锰含量（质量分数）	x_5	%			

氧料控制模型可由下述回归函数描述：

$$f_{V/W}(\boldsymbol{x}) = \frac{1}{2}K(\boldsymbol{x}^T, \boldsymbol{A}^T)(\boldsymbol{\omega}_3 + \boldsymbol{\omega}_4)^{\mathrm{T}} + \frac{1}{2}(b_3 + b_4) \tag{4.30}$$

式中，$\boldsymbol{x} = [x_1, x_2, \cdots, x_9]^{\mathrm{T}}$ 表示吹氧量或原材料加入量的回归模型。

该模型的输入和输出样本的数量与碳温预测模型的数量相同，模型参数可由参数调整单元 R_2 确定，控制模型的建模步骤如下：

步骤1~7：与第3章碳温预测模型的建模步骤相同，模型输入参照表4.5。模型的输出为吹氧量 $\boldsymbol{V} = [V_1, V_2, \cdots, V_l]^{\mathrm{T}}$ 或原材料加入量 $\boldsymbol{W} = [W_1, W_2, \cdots, W_l]^{\mathrm{T}}$。在参数调整单元 R_2 中选取合适的参数 c_5、c_6、c_7、c_8、v_3、v_4 和 σ_2，得到回归函数 $f_{V/W}(\boldsymbol{x})$。

步骤8：对训练样本代入回归函数式（4.30）中，分别得到吹氧量和原材料加入量的估计值 $\hat{V}$ 和 $\hat{W}$。

步骤9：将 $\hat{V}$ 和 $\hat{W}$ 与表4.5中的输入变量 $x_1 \sim x_7$ 合并，作为一组新的输入数据代入碳温预测模型，分别得到碳含量和温度的预测值 $\hat{C}$ 和 $\hat{T}$。最后，计算预测值与期望值之间的误差和模型指标。

步骤10：如果误差和模型指标达到要求，完成建模，否则，重复步骤4到步骤9。

4.5.3　仿真实验验证与分析

为了验证转炉炼钢静态控制模型的有效性，选取200组低碳钢实际生产数据。根据表4.4和表4.5给出的输入变量，完成碳温预测模型和氧料控制模型的数据准备。最后，根据模型的建模步骤，完成碳温预测模型和氧料控制模型的数学建模。

参数调整单元 R_1 和 R_2 中，有八个参数需要确定。参数调整的原则如下：首先，根据实际生产的需求，确定碳含量预测模型的误差容限（质量分数）为 ±0.005%，温度预测模型的误差容限为 ±10℃。每个模型的精度可以通过预测和控制误差的命中率反映，最终结果如果在误差容限内，即表示该炉次达到终点。在转炉冶炼后期的实际生产中，在误差容限内的命中率需达到 90%。此外，预测模型的终点双命中率也是实际生产的一个重要指标，也就是说对于同一组数据，终点碳含量和温度的预测值同时达到终点。将 200 组数据中的前 150 组数据作为预测和控制模型的训练数据，后 50 组数据作为测试数据验证模型的各个性能指标，根据训练数据的性能指标的好坏调节参数，得到最优的系统参数。在第 2 章给出的性能指标中，在保证双命中率大于 80% 的前提下，RMSE、MAE 和 SSE/SST 的数值越小，SSR/SST 和命中率的数值越大，意味着模型具有更好的泛化性和更高的精度，通过实验仿真，确定基于小波权重 TSVR 的预测和控制模型的参数见表 4.6。

表 4.6 碳温预测模型和氧料控制模型参数表

预测模型	c_1	c_2	c_3	c_4	v_1	v_2	σ_1	σ_1^*
碳含量模型	0.005	0.02	0.006	0.1	30	50	0.005	1
温度模型	0.001	0.5	0.005	0.1	30	50	10	0.35
控制模型	c_5	c_6	c_7	c_8	v_3	v_4	σ_2	σ_2^*
吹氧量模型	0.0001	1	0.0001	1	50	30	0.5	3.5
原材料加入量模型	0.001	0.01	0.0001	0.01	30	50	10	20

4.5.3.1 碳温预测模型的实验结果

利用表中的参数，可以建立转炉炼钢终点静态总量控制模型。为了验证本模型的建模效果，同样采用第 3 章给出的 3 种 TSVR 模型对相同数据进行仿真实验，分别是 TSVR[7]、v-TSVR[8] 和 ASY v-TSVR[9]。表 4.7 列出了 4 种模型的碳含量模型（质量分数）的预测结果，结果表明，WTWTSVR 模型的 RMSE、MAE 和 SSE/SST 分别为 0.0023%、0.0026% 和 1.1977，说明本模型的平均误差在 0.0024% 左右，满足误差容限 0.005% 的要求，这 3 个指标的结果均小于其他 3 种模型，所提出模型的 SSR/SST 在 4 种模型的结果中最大，表明该模型与实际转炉模型的拟合程度最好。

表 4.7 四种碳温预测模型的预测效果对比

模 型	性能指标	WTWTSVR	TSVR	v-TSVR	ASY v-TSVR
碳含量模型（质量分数）（±0.005%）	RMSE/%	0.0023	0.0026	0.0026	0.0026
	MAE/%	0.0026	0.0031	0.0031	0.0031
	SSE/SST	1.1977	1.6071	1.5675	1.5214
	SSR/SST	0.6930	0.4616	0.3514	0.3835
	HR/%	92	82	84	84

模 型	性能指标	WTWTSVR	TSVR	v-TSVR	ASY v-TSVR
温度模型 (±10/℃)	RMSE/℃	4.1272	4.2070	4.3630	4.1013
	MAE/℃	4.7380	5.0363	5.1461	4.7970
	SSE/SST	1.7297	1.8935	2.0365	1.7996
	SSR/SST	0.7968	0.6653	0.7578	0.9141
	HR/%	96	94	92	96
双命中率/%		90	78	78	80

图 4.14 表示碳含量预测模型的预测值与实际值之间的误差分布，可以看出，WTWTSVR 模型在+0.005%的误差容限内的样本数量最多，且命中率达到 92%，其他 3 种模型均未达到 90%的命中率。通过以上分析，说明所提出的碳含量模型在 4 种模型中具有最好的拟合效果，也就是说本模型对于终点碳含量的预测效果优于其他 3 种模型。

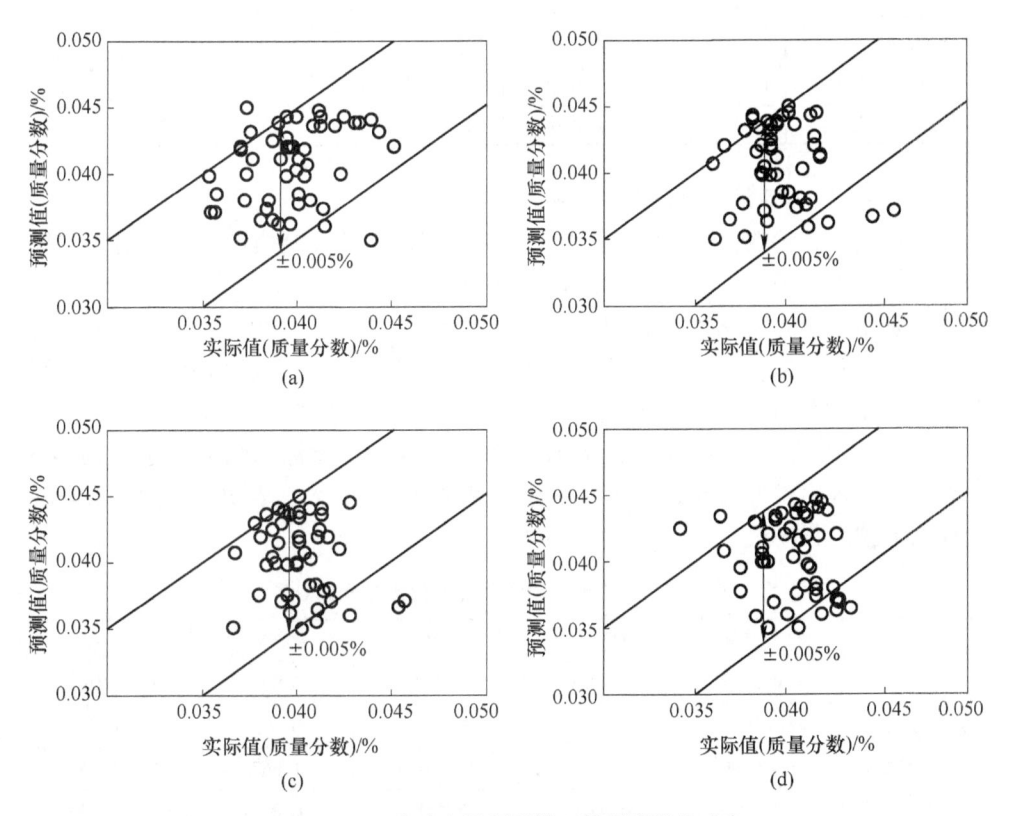

图 4.14　4 种碳含量预测模型的预测误差对比

(a) WTWTSVR；(b) TSVR；(c) v-TSVR；(d) ASY v-TSVR

与碳含量预测模型的验证方法类似，温度预测模型同样采用四种方法进行建模，对比结果见表 4.7。基于 WTWTSVR 的温度预测模型的 RMSE 和 SSE/SST 指标优于其他 3 个模型，MAE 和 SSR/SST 指标优于 TSVR 和 v-TSVR 模型结果，仅次于 ASY v-TSVR 模型。温度预测模型的预测值与实际值之间的误差分布如图 4.15 所示，可以看出，WTWTSVR 模型在 10℃ 的误差容限内的样本数量与 ASY v-TSVR 模型相同，比其他两种模型的样本数量多，且命中率达到 96%，与 ASY v-TSVR 模型相同，优于 TSVR 和 v-TSVR 模型的 94% 和 92%。

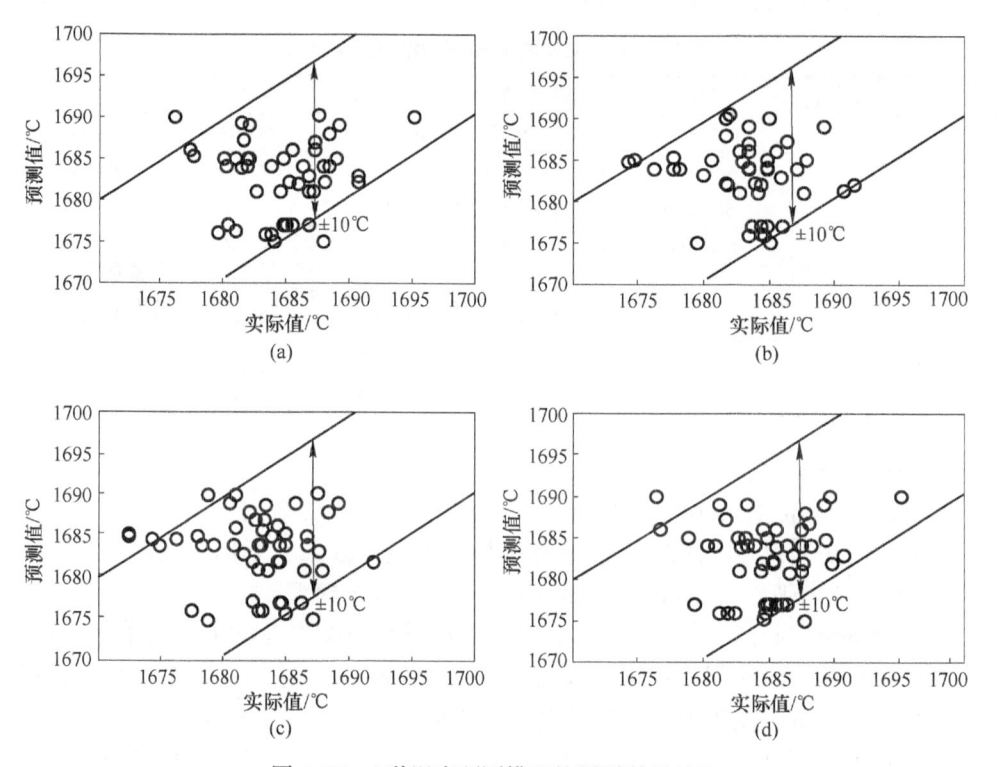

图 4.15　4 种温度预测模型的预测误差对比
(a) WTWTSVR；(b) TSVR；(c) v-TSVR；(d) ASY v-TSVR

此外，双命中率是实际转炉应用的一个关键指标，从表中可以看出，TSVR 和 v-TSVR 模型的双命中率仅达到 78%，ASY v-TSVR 模型达到 80%，而 WTWTSVR 模型可以达到 90% 的双命中率，在 4 种模型中得到了最优结果。在实际应用中，双命中率 90% 的 WTWTSVR 满足实际生产的需要。综上所述，所提出的碳含量和温度预测模型比其他 3 种模型更为有效，可为实际应用提供参考，同时也满足建立转炉炼钢静态控制模型的要求。

4.5.3.2　氧料控制模型的实验结果

在预测模型的基础上,利用表中的相关参数和此前给出的建模方法,可以建立转炉炼钢的氧料控制模型。通过与其他 3 种模型的比较,表 4.8 列出了吹氧量控制模型的预测结果,结果表明,WTWTSVR 模型的 RMSE、MAE 和 SSE/SST 的结果分别为 371.3953m³、411.7855m³ 和 1.2713,均比其他 3 种模型的结果小,表明模型的总吹氧量误差在 400m³ 左右,1.0868 的 SSR/SST 优于 TSVR,略逊于 v-TSVR 和 ASY v-TSVR 模型的 0.9691 和 0.9326,说明所提出的吹氧量控制模型在 4 种模型中具有良好的拟合效果。

表 4.8　4 种氧料控制模型的控制效果对比

模　型	指标	WTWTSVR	TSVR	v-TSVR	ASY v-TSVR
吹氧量模型	RMSE/m³	371.3953	383.0249	383.2387	399.8635
	MAE/m³	411.7855	416.3151	423.0260	427.0896
	SSE/SST	1.2713	1.3522	1.3537	1.4737
	SSR/SST	1.0868	1.1288	0.9691	0.9326
原材料加入量模型	RMSE/m³	2.4158	2.8824	2.8431	3.6781
	MAE/m³	2.7057	3.1254	3.1632	3.9979
	SSE/SST	0.3791	0.5398	0.5251	0.8789
	SSR/SST	0.6505	0.5868	0.6739	0.4376

同理,原材料加入量模型的性能比较见表 4.8。基于 WTWTSVR 的原材料加入量控制模型的 RMSE、MAE、SSE/SST 和 SSR/SST 分别为 2.4158m³、2.7057m³、0.3791 和 0.6505,所有指标均取得最优效果,可见总量的预测误差在 2.5t 左右。因此,所提出的控制模型优于其他 3 种模型。

静态分量控制模型与静态总量控制模型的计算误差对比结果见表 4.9,可以看出,两个模型的吹氧量计算误差比较接近,相差 10m³ 左右;将静态分量控制模型中的各分量误差相加可得到总量的计算误差,结果为 7.0754t,大于静态总量控制模型的原材料总加入量的计算误差 2.4158t,所以静态总量控制模型在原材料用量的计算方面优于静态分量控制模型。而静态分量控制模型的计算结果可指导现场的实际生产,所提出的静态总量控制模型并不能计算各分量的具体占比。针对这个问题,可以通过以下两个途径解决:一是通过操作人员的经验给定各分量的比例;二是通过后续研究,结合智能算法,进一步计算各分量的具体用量。

表 4.9　分量控制模型与总量控制模型的计算误差对比

控制模型	吹氧量 RMSE/m³	原材料总量 RMSE/t	废钢分量 RMSE/t	石灰分量 RMSE/t	轻烧白云石分量 RMSE/t
静态分量控制模型	359.7400	7.0754	5.2080	0.6768	1.1906
静态总量控制模型	371.3953	2.4158	N/A	N/A	N/A

转炉炼钢是一个复杂的物理化学过程，所提出的静态控制模型利用历史炉次的数据对该过程进行数学建模，然而，终点信息的影响因素数量较多，其中必然存在某些影响因素并不能通过采样获得，这导致整个模型的吹氧量和原材料加入量的计算存在一定的误差。为了解决这一问题，可考虑如下策略：在吹氧初期，采用本控制模型计算出吹氧量和原材料加入量，并指导转炉生产。然后，吹炼后期，采用副枪技术，并结合相关算法，对氧气量和冷却剂加入量进行调整，提高终点命中率。因为在吹炼后期，转炉中的物理化学反应趋于稳定，通过副枪得到当前熔液信息，然后利用副枪信息建立转炉的动态控制模型，可将终点双命中率进一步提高。

4.6 本章小结

本章分析了 4 类转炉炼钢静态控制方法的优缺点、鲸群优化算法的基础知识，以及基于智能算法的静态控制方法，分别从原材料的分量和总量两个角度提出了转炉炼钢静态控制策略，实现了吹氧量和原材料加入量的计算，进而实现对钢水终点碳含量和温度的控制。实验结果表明，所提出的分量控制模型是有效可行的。总吹氧量的优化误差约为 $400m^3$、废钢加入量的优化误差约为 6t、轻烧白云石加入量的优化误差约为 0.7t、石灰加入量的优化误差约为 1.2t。与 PSO、BA 和 ACO 优化模型相比，所提出模型的优化结果取得了良好的结果；所提出的总量控制模型的总吹氧量计算误差与分量控制模型的结果接近，原材料总加入量的计算误差约为 2.5t，优于分量控制模型，两种模型均可为实际转炉应用提供重要的参考。

参 考 文 献

[1] 黄赫虹，周云，孟庆民，等. 韶钢 120t 转炉炼钢终点静态控制模型开发与应用 [J]. 安徽工业大学学报（自然科学版），2014, 31 (3)：242-245, 253.

[2] 黄金侠，金宁德. 转炉冶炼终点静态控制预测模型 [J]. 炼钢，2006 (1)：45-48.

[3] 谢书明，陶钧，柴天佑. 基于神经网络的转炉炼钢终点控制 [J]. 控制理论与应用，2003 (6)：903-907.

[4] 丁容，刘浏. 转炉炼钢过程人工智能静态控制模型 [J]. 钢铁，1997 (1)：22-26.

[5] 张辉宜，周奇龙，袁志祥，等. 样本自选择回归分析算法在转炉炼钢中的应用 [J]. 钢铁研究学报，2011, 23 (12)：5-8.

[6] 朱光俊，梁中渝. 转炉炼钢静态控制优化模型 [J]. 炼钢，1999, 15 (4)：25-28.

[7] Peng X. TSVR：An efficient twin support vector machine for regression [J]. Neural Networks, 2010, 23 (3)：365-372.

[8] Rastogi R, Anand P, Chandra S. A v-twin support vector machine based regression with automatic

accuracy control [J]. Applied Intelligence, 2016, 46 (3): 1-14.

[9] Xu Y T, Li X, Pan X, et al. Asymmetric v-twin support vector regression [J]. Neural Computing & Applications, 2017 (2): 1-16.

[10] 闫博. 转炉炼钢智能控制方法的研究 [D]. 沈阳：东北大学, 2005.

[11] Goldberg D E. Genetic Algorithms in Search, Optimization and Machine Learning [M]. Addison-Wesley Lorgman Publishing Co., Inc., 1988,

[12] Rechenberg I. Evolutionsstrategien [M]. Simulationsmethoden in der Medizin und Biologie. Springer Berlin Heidelberg, 1978: 83-114.

[13] Yang S, Yao X. Experimental study on population-based incremental learning algorithms for dynamic optimization problems [J]. Soft Computing, 2005, 9 (11): 815-834.

[14] Banzhaf W, Koza J R, Ryan C, et al. Genetic programming [J]. IEEE Intelligent Systems, 2000, 15 (3): 74-84.

[15] Ergezer M, Simon D. Oppositional biogeography-based optimization for combinatorial problems [M]. Stakeholders and Scientists. Springer New York, 2011: 311-336.

[16] Bertsimas D, Tsitsiklis J. Simulated annealing [J]. Statistical Science, 1993, 8 (1): 10-15.

[17] Webster B, Bernhard P J. A Local search optimization algorithm based on natural principles of gravitation [C] //International Conference on Information and Knowledge Engineering. Ike'03, June 23 - 26, 2003, Las Vegas, Nevada, Usa, Volume. DBLP, 2003: 255-261.

[18] Erol O K, Eksin I. A new optimization method: Big bang-Big crunch [M]. Elsevier Science Ltd., 2006.

[19] Hatamlou A. Black hole: A new heuristic optimization approach for data clustering [J]. Information Sciences, 2013, 222 (3): 175-184.

[20] Kennedy J, Eberhart R. Particle swarm optimization [C]. Icnn'95 - International Conference on Neural Networks. IEEE, 2002: 1942-1948 vol. 4.

[21] Stützle T. Ant colony optimization [J]. IEEE Computational Intelligence Magazine, 2007, 1 (4):28-39.

[22] Abbass H A. MBO: Marriage in honey bees optimization-a Haplometrosis polygynous swarming approach [C]. Evolutionary Computation, 2001. Proceedings of the 2001 Congress on. IEEE, 2001: 207-214 vol. 1.

[23] 李晓磊, 钱积新. 基于分解协调的人工鱼群优化算法研究 [J]. 电路与系统学报, 2003, 8 (1): 1-6.

[24] Martin R, Stephen W. Termite: A swarm intelligent routing algorithm for mobilewireless Ad-Hoc networks [M]. Stigmergic Optimization, 2005: 155-184.

[25] Karaboga D, Basturk B. A powerful and efficient algorithm for numerical function optimization: artificial bee colony (ABC) algorithm [J]. Journal of Global Optimization, 2007, 39 (3): 459-471.

[26] Pinto P C, Runkler T A. Wasp swarm algorithm for dynamic MAX-SAT problems [C]. International Conference on Adaptive and Natural Computing Algorithms. Springer-Verlag, 2007: 350-357.

[27] Mucherino A, Seref O. Monkey search: A novel metaheuristic search for global optimization [C]. Data Mining, Systems Analysis & Optimization in Biomedicine. American Institute of Physics, 2007: 162-173.

[28] Yang C, Tu X, Chen J. Algorithm of marriage in honey bees optimization based on the wolf pack search [C]. International Conference on Intelligent Pervasive Computing. IEEE Computer Society, 2007: 462-467.

[29] Lu X, Zhou Y. A novel global convergence algorithm: Bee collecting pollen algorithm [M]. Advanced Intelligent Computing Theories and Applications. With Aspects of Artificial Intelligence. Springer Berlin Heidelberg, 2008: 518-525.

[30] Yang X S, Deb S. Cuckoo search via Lévy flights [C]. Nature & Biologically Inspired Computing, 2009. NaBIC 2009. World Congress on. IEEE, 2010: 210-214.

[31] Yang S, Jiang J, Yan G. A dolphin partner optimization [C]. Wri Global Congress on Intelligent Systems. IEEE Computer Society, 2009: 124-128.

[32] Yang X S. A new metaheuristic bat-inspired algorithm [J]. Computer Knowledge & Technology, 2010, 284 (none): 65-74.

[33] Yang X S. Firefly algorithm, stochastic test functions and design optimization [J]. International Journal of Bio-Inspired Computation, 2010, 2 (2): 78-84.

[34] Oftadeh R, Mahjoob M J, Shariatpanahi M. A novel meta-heuristic optimization algorithm inspired by group hunting of animals: Hunting search [J]. Computers & Mathematics with Applications, 2010, 60 (7): 2087-2098.

[35] Askarzadeh A, Rezazadeh A. A new heuristic optimization algorithm for modeling of proton exchange membrane fuel cell: Bird mating optimizer [J]. International Journal of Energy Research, 2013, 37 (10): 1196-1204.

[36] Gandomi A H, Alavi A H. Krill herd: A new bio-inspired optimization algorithm [J]. Communications in Nonlinear Science & Numerical Simulation, 2012, 17 (12): 4831-4845.

[37] Pan W T. A new fruit fly optimization algorithm: Taking the financial distress model as an example [J]. Knowledge-Based Systems, 2012, 26 (2): 69-74.

[38] Kaveh A, Farhoudi N. A new optimization method: Dolphin echolocation [J]. Advances in Engineering Software, 2013, 59 (5): 53-70.

[39] Mirjalili S, Lewis A. The whale optimization algorithm [J]. Advances in Engineering Software, 2016, 95: 51-67.

5 转炉炼钢的终点动态预测模型研究

由于转炉冶炼后期的物理化学反应趋于稳定，造渣过程基本完成，影响转炉终点信息的因素数量大大减少，在此阶段建立转炉炼钢的终点预测模型能够取得更高的终点命中率。本章以此为出发点，借助副枪检测数据，研究转炉炼钢补吹阶段的终点动态预测模型。同时，由于转炉在冶炼过程中存在各种难以定量检测的因素也会对转炉的终点信息产生影响。因此，本章主要研究如何利用影响转炉终点的定量因素和非定量因素建立补吹阶段的预测模型。建模算法采用 K 最近邻权重的 TSVR 算法（K-nearest neighbor-based weighted twin support vector regression, KNNWTSVR），通过引入 K 最近邻理论，给予每个样本的预测误差不同的权重，提升了传统 TSVR 算法的泛化性能，该算法在 TSVR 研究领域具有一定的代表性，另外，利用改进的鲸群算法（LWOA）求解 TSVR 算法的优化问题，与传统的求解方法相比，基于 LWOA 的求解方法具有更高的逼近精度。本章所提出的动态预测模型能够对转炉终点信息进行高精度的预测，可为后续建立转炉的动态控制模型提供指导。

5.1 概　　述

近年来，在转炉炼钢的终点动态预测建模方面，很多学者取得了一些进展。韩敏等人[1]提出了一种鲁棒相关向量机模型，并将其应用于转炉炼钢终点碳含量和温度的预报。通过为每一个训练样本设定独立的噪声方差系数，并使其在训练过程中随模型预测误差的增大而逐渐减小来降低异常点的影响，同时依据贝叶斯证据框架给出了模型超参数的迭代计算公式，进行参数的优化。使用标准测试数据和转炉炼钢实际生产数据进行仿真，结果表明该模型具有较好的预报精度和鲁棒性。谢书明等人[2]采用灰色系统模型及线性回归补偿模型建立了转炉炼钢终点钢水温度及碳含量预报模型，并对一座 180t 转炉的实测数据进行了仿真，取得了很好的效果。程进等人[3]提出一种由数据驱动的多任务学习炼钢终点预测方法，实验结果表明，多任务学习在实际中能够提升终点预测的准确性。严良涛等人[4]将核独立元分析与回归分析相结合，建立了基于核独立元回归方法的终点温度的预测模型。王心哲等人[5]采用变量选择法，对转炉模型的输入进行预处理，建立了基于 SVM 的转炉终点预测模型，提高了转炉炼钢的终点命中率。刘闯等人[6]提出一种基于膜算法进化极限学习机的抗干扰终点预报模型。利用进化膜算法的全局寻优能力调整网络参数，不仅避免了网络受异常点影响出现过拟合现象，还可以寻找最优复杂度的模型，并建立了终点预测模型。以上文献采用了机器学习的方法对转炉模型进行建模，但是上述模型中并没有考虑影响转炉的非定量因素（炉衬变薄、氧枪老化等）对转炉的影响，谢书明等人[7]考虑了非定量因素对转炉终点的影响，并利用灰色模型和神经网络提出了一种新的转炉终点碳含量和温度的预测模型，但仍然存在建模易于陷入局部最小值的问题，因此，本章利用 KNNWTSVR 算法，建立了一种转炉炼钢的终点组合预测模型，该模型由时间序列预测模型和补偿预测模型两个部分组成，分别考虑了定量因素和非定量因素对转炉的影响。因为改进的 TSVR 算法具有良好的泛化性能和逼近精度，不仅可以解决神经网络存在的局部最小问题，而且由于考虑了样本预测误差的权重问题，目标函数中减少了约束条件，所以在运算精度和求解的运算量方面也优于传统的支持向量机算法。另外，在模型的求解方面，本章首次尝试采用鲸群优化方法对目标函数进行求解，与传统的求解方法相比，鲸群算法具有更快的收敛速度和更高的收敛精度等优点。为了进一步提升优化算法的性能，本章提出了一种改进的鲸群（LWOA）算法，将莱维飞行算法融入传统的鲸群算法中，莱维飞行算法具有增强种群多样性、扩大搜索范围、更容易跳出局部最优等优点，同时，通过引入惯性权重的思想，进一步提升鲸群算法的收敛速度。所提出的建模方法，不仅仅提高了转炉炼钢的终点预测模型的精度及建模效率，也为高炉炼铁和连铸等其他钢铁冶金方面的预测问题研究提供了一个新思路。

5.2 基于副枪技术的转炉炼钢模型分析

在建立转炉静态控制模型的过程中，需要将全部所有炉次操作看作为连续的过程，在此假设情况下，相邻炉次炉内变化产生的影响基本上保持一致。在转炉炼钢过程中很多因素都会对钢水终点产生一定的影响，这种过程表现出一定的非线性特征，这种系统的相关影响因素之间的耦合性强，控制难度也明显的增加。因而在控制过程中单纯的通过静态控制模型进行控制无法很好地满足应用要求，为此需要在炼钢的后期适当地进行动态调整，以更好地满足终点命中率的要求。而在控制冶炼终点碳含量和温度过程中，需要在静态控制基础上适当调整相关的控制参数，实现这个控制目标的关键在于能否获取到调整前的钢水状态值，因此，应适当采取一定的检测手段。

为了检测熔池钢水的状态，目前常用的技术有副枪技术和炉气分析技术。炉气分析设备通过采集出炉气的成分，然后结合相关公式确定出钢水的状态值，这种方法的理论基础不强，此外在实际的生产过程中，其他相关因素也会明显的影响到炉气状况, 因而在进行分析时, 单纯基于炉气分析系统进行控制, 无法满足应用要求。而副枪技术在检测过程中, 可将探头插入钢水内部, 然后对钢水的温度情况进行检测, 其准确性可达到较高的水平, 在动态检测中有着广泛的应用。由于转炉副枪装置检测速度快, 适合生产节奏较快的转炉炼钢过程, 是实现炼钢自动化的重要组成部分。不过副枪对转炉空间有一定的要求, 一般不适用于低于100t 的转炉。

副枪主要用于进行熔池温度的检测, 同时确定出钢水的成分, 在具体的应用过程中可在其头部安装不同类型的探头, 从而有效地进行炉内温度、成分相关的检测, 将所得的结果发送给转炉主控室。可以在计算机控制下进行副枪的升降、探头的装卸等相关操作, 满足自动控制的要求。

尽管副枪检测技术可取得很好的效果, 但是考虑成本较高等因素, 在检测过程中, 一般每炉仅使用一次, 因此, 应尽量在保证吹炼后期经一次动态调整使钢水的成分和温度达到终点。当前比较常见的控制策略是静态加动态控制相结合的控制方式, 即在检测过程中, 以副枪检测为界, 将冶炼过程划分为前、后两阶段, 在两个阶段控制过程中选择不同的模型, 以此达到提高转炉炼钢终点命中率的目的。

虽然转炉炼钢的冶炼过程非常复杂, 但是到了吹炼后期, 造渣过程基本完成, 使影响转炉终点信息的因素数量大大减少, 在此阶段建立转炉炼钢的终点预测模型能够取得更高的终点命中率。第 3 章已经验证了 TSVR 算法在转炉静态预测方面的有效性, 因此, 本章主要研究如何利用改进的 TSVR 算法, 结合转炉的副枪检测数据, 建立转炉终点动态预测模型, 实现对钢水碳含量和温度的终点预测。与静态预测模型不同的是, 动态预测模型的输入依靠副枪检测的熔池信息作为模型的输入, 模型输入变量比静态模型少, 所以在相同数据量的条件下, 建模效率比静态模型高, 本章建立的动态预测模型可为后续建立动态控制模型奠定良好的基础。

5.3　非线性 KNNWTSVR 算法

2014 年, Xu 等人[8] 提出了一种基于 K 最近邻权重的 TSVR 算法 (KNNWTSVR)。该算法通过引入 K 最近邻权重的思想, 即每个训练数据的权重由它的最接近的 K 个邻居来决定, 假设有一组数据样本 x_1, x_2, $\cdots$, x_l, 其中 $x_i \in R^n$, 样本数量为 l, 则 KNN 权重矩阵可以定义为:

$$\varpi_{i,j} = \begin{cases} 1, & \begin{array}{l} \text{如果 } x_i \text{ 是 } x_j \text{ 的 } K \text{ 最近邻,} \\ \text{或 } x_j \text{ 是 } x_i \text{ 的 } K \text{ 最近邻} \end{array} \\ 0, & \text{其他} \end{cases} \quad (5.1)$$

为了体现每个采样点的重要性，定义一个新的变量 $d_i = \sum_{j=1}^{l} \varpi_{i,j}$，$i = 1$, 2, $\cdots$, l。较大的 d_i 反映出该样本点拥有更多的邻居，邻居数量的大小影响该点在整个样本中的重要程度。通过引入上述权重矩阵，非线性 KNNWTVSR 的目标函数可由下述目标函数表示：

$$\min_{\boldsymbol{\omega}_1, b_1, \boldsymbol{\xi}} \frac{1}{2} \{ \boldsymbol{y} - [K(\boldsymbol{A}, \boldsymbol{A}^{\mathrm{T}})\boldsymbol{\omega}_1 + b_1 \boldsymbol{e}] \}^{\mathrm{T}} \boldsymbol{D} \{ \boldsymbol{y} - [K(\boldsymbol{A}, \boldsymbol{A}^{\mathrm{T}})\boldsymbol{\omega}_1 + b_1 \boldsymbol{e}] \} + c_1 \boldsymbol{e}^{\mathrm{T}} \boldsymbol{\xi}$$

s. t. $$\boldsymbol{y} - [K(\boldsymbol{A}, \boldsymbol{A}^{\mathrm{T}})\boldsymbol{\omega}_1 + b_1 \boldsymbol{e}] \geqslant -\varepsilon_1 \boldsymbol{e} - \boldsymbol{\xi}, \ \boldsymbol{\xi} \geqslant 0\boldsymbol{e} \tag{5.2}$$

$$\min_{\boldsymbol{\omega}_2, b_2, \boldsymbol{\gamma}} \frac{1}{2} \{ \boldsymbol{y} - [K(\boldsymbol{A}, \boldsymbol{A}^{\mathrm{T}})\boldsymbol{\omega}_2 + b_2 \boldsymbol{e}] \}^{\mathrm{T}} \boldsymbol{D} \{ \boldsymbol{y} - [K(\boldsymbol{A}, \boldsymbol{A}^{\mathrm{T}})\boldsymbol{\omega}_2 + b_2 \boldsymbol{e}] \} + c_2 \boldsymbol{e}^{\mathrm{T}} \boldsymbol{\gamma}$$

s. t. $$K(\boldsymbol{A}, \boldsymbol{A}^{\mathrm{T}})\boldsymbol{\omega}_2 + b_2 \boldsymbol{e} - \boldsymbol{y} \geqslant -\varepsilon_2 \boldsymbol{e} - \boldsymbol{\gamma}, \ \boldsymbol{\gamma} \geqslant 0\boldsymbol{e} \tag{5.3}$$

式中，c_1, c_2, ε_1, $\varepsilon_2 \geqslant 0$ 为调整参数；矩阵 $\boldsymbol{D} = \mathrm{diag}(d_1, d_2, \cdots, d_l)$。与传统的 TSVR 的求解方法类似，得到式（5.2）和式（5.3）的对偶问题

$$\min_{\boldsymbol{\alpha}} \frac{1}{2}\boldsymbol{\alpha}^{\mathrm{T}}\boldsymbol{H}(\boldsymbol{H}^{\mathrm{T}}\boldsymbol{D}\boldsymbol{H})^{-1}\boldsymbol{H}^{\mathrm{T}}\boldsymbol{\alpha} + \boldsymbol{y}^{\mathrm{T}}\boldsymbol{\alpha} + \varepsilon_1 \boldsymbol{e}^{\mathrm{T}}\boldsymbol{\alpha} - \boldsymbol{y}^{\mathrm{T}}\boldsymbol{D}\boldsymbol{H}(\boldsymbol{H}^{\mathrm{T}}\boldsymbol{D}\boldsymbol{H})^{-1}\boldsymbol{H}^{\mathrm{T}}\boldsymbol{\alpha}$$

s. t. $$0\boldsymbol{e} \leqslant \boldsymbol{\alpha} \leqslant c_1 \boldsymbol{e} \tag{5.4}$$

$$\min_{\boldsymbol{\beta}} \frac{1}{2}\boldsymbol{\beta}^{\mathrm{T}}\boldsymbol{H}(\boldsymbol{H}^{\mathrm{T}}\boldsymbol{D}\boldsymbol{H})^{-1}\boldsymbol{H}^{\mathrm{T}}\boldsymbol{\beta} + \varepsilon_2 \boldsymbol{e}^{\mathrm{T}}\boldsymbol{\beta} - \boldsymbol{y}^{\mathrm{T}}\boldsymbol{D}\boldsymbol{H}(\boldsymbol{H}^{\mathrm{T}}\boldsymbol{D}\boldsymbol{H})^{-1}\boldsymbol{H}^{\mathrm{T}}\boldsymbol{\beta} - \boldsymbol{y}^{\mathrm{T}}\boldsymbol{\beta}$$

s. t. $$0\boldsymbol{e} \leqslant \boldsymbol{\beta} \leqslant c_2 \boldsymbol{e} \tag{5.5}$$

式中，$\boldsymbol{H} = [\boldsymbol{A}\boldsymbol{e}]$。值得注意的是，上述对偶问题需要对 $\boldsymbol{H}^{\mathrm{T}}\boldsymbol{D}\boldsymbol{H}$ 矩阵求逆，为了避免病态矩阵的问题，通过引入正则化项 $\rho \boldsymbol{I}$（ρ 为一个非常小的正数），并求解上述优化问题，最后通过下式计算出 $\boldsymbol{\omega}_1$, b_1 和 $\boldsymbol{\omega}_2$, b_2：

$$\begin{bmatrix} \boldsymbol{\omega}_1 \\ b_1 \end{bmatrix} = (\boldsymbol{H}^{\mathrm{T}}\boldsymbol{D}\boldsymbol{H} + \rho \boldsymbol{I})^{-1}\boldsymbol{H}^{\mathrm{T}}(\boldsymbol{D}\boldsymbol{y} - \boldsymbol{\alpha}) \tag{5.6}$$

$$\begin{bmatrix} \boldsymbol{\omega}_2 \\ b_2 \end{bmatrix} = (\boldsymbol{H}^{\mathrm{T}}\boldsymbol{D}\boldsymbol{H} + \rho \boldsymbol{I})^{-1}\boldsymbol{H}^{\mathrm{T}}(\boldsymbol{D}\boldsymbol{y} + \boldsymbol{\beta}) \tag{5.7}$$

将上述结果代入式（3.8），可得到回归函数。

5.4 基于莱维飞行的改进鲸群优化算法

与其他优化算法相比，鲸群算法调整参数少，使用方便，收敛速度快，具有一定的跳出局部优化的能力。然而，该算法依赖于随机探索，从而限制了鲸群算法的速度，因此可以进一步提高收敛速度和求解精度。另外，由于系数向量 $\boldsymbol{P}$ 的限制，该算法存在一定的陷入局部最优的风险，导致算法预测结果不准确。为了解决以上问题，本章提出了一种改进的莱维飞行的鲸群优化算法（LWOA）。与传统的鲸群算法相比，改进算法具有更快的收敛速度、较高的解算精度和较好的

跳出局部最优的能力。

（1）莱维飞行算法是一种基于莱维分布的随机搜索，符合飞行动物的行为轨迹。它可以解释许多随机现象，如布朗运动和随机行走等。莱维飞行算法具有增强种群多样性、扩大搜索范围、更容易跳出局部最优的优点。因此，可以有效地提高算法的搜索能力[9]。采用莱维飞行改进鲸群算法，可将方程（4.21）替换为：

$$P = 2aL - ae \tag{5.8}$$

式中，L 为一个服从莱维分布的随机向量，其中包含函数 $L(\lambda)$，表达式如下：

$$L(\lambda) \sim |\lambda|^{-1-\delta}, \ 0 < \delta < 2 \tag{5.9}$$

式中，λ 是随机莱维步长。

通常情况下，采用 Mantegna 算法模拟莱维飞行的行为过程，随机步长可由下式求得

$$\lambda = \frac{\mu}{|\kappa|^{1/\delta}} \tag{5.10}$$

式中，$\mu \sim N(0, \vartheta_\mu^2)$ 和 $\kappa \sim N(0, 1)$ 服从均匀分布，定义

$$\vartheta_\mu = \frac{\Gamma(1+\delta)\sin(\pi\delta/2)}{\Gamma[(1+\delta)/2]\delta \times 2^{(\delta-1)/2}} \tag{5.11}$$

式中，Γ 表示一个标准 Gamma 函数，为了减少运算量，设 $\delta = 1.5$，则 $\vartheta_\mu = 0.6966$。

（2）引入惯性权重，使其能够快速收敛到全局最优解。惯性权重越大，全局搜索越有利，惯性权重越小，有利于局部搜索[10]。为了提高局部搜索能力，提高收敛速度，采用惯性权重算法对鲸群算法进行改进。惯性权重的表达式表示如下：

$$w_I = w_{max} - (w_{max} - w_{min})(t/T_{max})^{\frac{1}{t}} \tag{5.12}$$

式中，w_{max} 表示惯性权重的最大值；w_{min} 表示惯性权重的最小值；t 表示当前迭代次数；T_{max} 表示最大迭代次数。

改进后的更新位置向量定义如下：

$$X(t+1) = \begin{cases} \begin{cases} w_I X^*(t) - \tau P, & \text{当 } a < 1, \\ X_{rand} - \tau P, & \text{当 } a \geqslant 1, \end{cases} & \text{当 } p < 0.5 \\ w_I X^*(t) + \tau_p e^{\varepsilon v} \cdot \cos(2\pi v), & \text{当 } p \geqslant 0.5 \end{cases} \tag{5.13}$$

式中，w_I 随着迭代次数的增加而减小。大幅度减小 w_I，更有利于局部优化，提高了收敛精度，加快了收敛速度。

本章将 LWOA 算法与 KNNWTSVR 相结合，尝试建立转炉炼钢的终点动态预测模型，利用式（5.13）的策略来求解 KNNWTSVR 中目标函数的对偶问题，从

而得到预测模型的回归函数，5.5 节将研究如何利用提出的改进算法，结合转炉炼钢的实际生产数据，实现了转炉终点预测模型的构建。

5.5 基于 KNNWTSVR 和 LWOA 的转炉炼钢终点动态预测模型

通常情况下，采用副枪技术的转炉炼钢工艺可分为主吹和补吹两个阶段。其中，补吹阶段的主要目的是根据主吹阶段结束时副枪检测到的熔池信息来控制终点碳含量和温度进入到期望的区间。为了达到这个目的，需要计算出补吹的氧气量，同时，如果熔池温度或者含碳量过高，则需要加入一定量的冷却剂。另外，由于这个阶段熔池内部的物理化学反应趋于稳定，其他因素对钢水终点信息的影响可以忽略不计，不难看出，影响终点碳含量和终点温度主要因素包括主吹阶段结束时的碳含量、熔池温度、补吹氧气量和冷却剂加入量，这些因素均可以定量表示，所以它们也被称为影响钢水终点信息的定量因素。但是随着冶炼炉次的增加，导致炉衬逐渐变薄，氧枪头逐渐损坏，这些因素也会对钢水终点信息产生影响，但是这些信息并不能直接定量获取，因此这些因素被称为影响钢水终点信息的非定量因素。从上面的分析可以看出，终点碳含量和终点温度由定量因素和非定量因素共同影响，如果想建立这种情况下的转炉数学模型，需要同时考虑定量和非定量因素，那么模型可由下式描述：

$$y = f_1(\zeta) + f_2(x) \tag{5.14}$$

式中，y 表示终点碳含量或终点温度；f_1 表示非定量因素对终点信息的影响；ζ 为非定量因素；f_2 表示定量因素对终点信息的影响；x 为定量因素。

从上述非定量因素可以看出，无论是炉衬变薄还是氧枪老化，均与时间有关，虽然无法定量表示，但是可以通过时间序列预测模型，来预测这些因素的变化趋势，所以本章采用时间序列预测模型对非定量函数 f_1 进行逼近；由于时间序列模型仅能预测出钢水终点信息的发展趋势，也就是说，预测值与实际值必然存在一定程度的偏差，导致结果出现偏差的原因是因为定量因素也会对钢水终点产生影响，所以，需要一个定量函数 f_2 对时间序列模型的预测结果进行一定的补偿，最终实现对钢水终点碳含量和温度的精确预测。针对 f_1 和 f_2 函数的回归问题，利用 KNNWTSVR 算法，通过 LWOA 对目标函数进行优化，最终得到转炉终点的动态组合预测模型。

5.5.1 时间序列预测模型

时间序列是指将同一统计指标的数值按其发生的时间先后顺序排列而成的数列，时间序列模型的主要用途是根据已有的历史数据对未来进行预测。对于同一个转炉的各个炉次冶炼的先后顺序，将钢水的出钢碳含量和温度可排成数列，则可获得钢水终点信息的时间序列，根据同一转炉的相邻炉次的连续规律性，运用过去的历史数据，通过数学模型的建立，进一步推测未来炉次终点信息的变化趋势。本节针对影响钢水终点信息的非定量因素，建立其数学模型，即采用孪生支持向量机来逼近式（5.14）中的非定量函数 f_1，考虑如下时间序列模型：

$$\hat{y}_n = f(y_{n-1}, y_{n-2}, \cdots, y_{n-m}) \tag{5.15}$$

式中，$\hat{y}_n$ 表示第 n 炉的终点碳含量或温度；y_{n-q} 表示第 n 炉之前 q 炉的终点碳含量或温度，$q = 1, 2, \cdots, m$；$m \geqslant 0$ 反映了模型的阶数；f 是一个光滑的非线性函数。

令矩阵 $\boldsymbol{A} = [\boldsymbol{\tilde{y}}_1, \boldsymbol{\tilde{y}}_2, \cdots, \boldsymbol{\tilde{y}}_l]^{\mathrm{T}}$，其中，$\boldsymbol{\tilde{y}}_k = [y_{n-k}, y_{n-k-1}, \cdots, y_{n-k+1-m}]^{\mathrm{T}}$，$k = 1, 2, \cdots, l$。$K(\boldsymbol{A}, \boldsymbol{A}^{\mathrm{T}})$ 为一个 $l \times l$ 维核矩阵，且它的第 (i, j)，$(i, j = 1, 2, \cdots, l)$ 个元素可定义为 $[K(\boldsymbol{A}, \boldsymbol{A}^{\mathrm{T}})]_{i,j} = K(\boldsymbol{\tilde{y}}_i, \boldsymbol{\tilde{y}}_j) = (\Phi(\boldsymbol{\tilde{y}}_i) \cdot \Phi(\boldsymbol{\tilde{y}}_j)) \in R$。

由 TSVR 理论可知，模型（见式（5.15））可由函数 $f_1(\boldsymbol{\tilde{y}}) = K(\boldsymbol{\tilde{y}}^{\mathrm{T}}, \boldsymbol{A}^{\mathrm{T}})\boldsymbol{\omega}_1 + b_1$ 和 $f_2(\boldsymbol{\tilde{y}}) = K(\boldsymbol{\tilde{y}}^{\mathrm{T}}, \boldsymbol{A}^{\mathrm{T}})\boldsymbol{\omega}_2 + b_2$ 的线性组合得到，其中 $K(\boldsymbol{\tilde{y}}^{\mathrm{T}}, \boldsymbol{A}^{\mathrm{T}}) = (K(\boldsymbol{\tilde{y}}, \boldsymbol{\tilde{y}}_1), \cdots, K(\boldsymbol{\tilde{y}}, \boldsymbol{\tilde{y}}_l))$，因此，时间序列预测模型的可由下式描述：

$$f_1(\boldsymbol{\zeta}) = \hat{y}_n = \frac{1}{2}K(\boldsymbol{\tilde{y}}^{\mathrm{T}}, \boldsymbol{A}^{\mathrm{T}})(\boldsymbol{\omega}_1 + \boldsymbol{\omega}_2) + \frac{1}{2}(b_1 + b_2) \tag{5.16}$$

5.5.2 补偿预测模型

利用 5.5.1 节提出的预测模型，可以预测未来炉次的熔池终点碳含量和终点温度的变化趋势，而且该模型只反映了非定量因素对终点信息的影响。然而，定量因素也会影响终点信息。因此，针对定量因素，需要建立定量因素对钢水终点的影响的数学模型，即回归式（5.16）中的定量函数 f_2。与传统的建模方法不同的是，定量函数 f_2 并不是直接预测终点碳含量或温度，而是预测时间序列模型输出的补偿值，所以定量函数 f_2 又称为补偿预测模型，通过进行补偿，间接得到终点碳含量和温度的预测值。

在补吹阶段，炉内的物理化学反应趋于稳定，大部分夹杂物已被去除。因此在副枪测量以后，影响钢水终点的定量因素主要包括副枪时刻碳含量、副枪时刻温度、补吹氧气量和冷却剂加入量，根据当前碳含量和温度的具体数值，有时则无须添加冷却剂。本节主要讨论添加冷却剂的情况，因此可确定补偿预测模型的输入变量主要包括补吹氧气量 x_1、冷却剂加入量 x_2、副枪时刻的碳含量 x_3 和副枪时刻的温度 x_4。模型的输出变量是由时间序列预测模型输出的预测值与实际值之间的偏差，即 $\delta y = y - \hat{y}$。然后根据第 3 章的建模步骤，可以得到如下模型：

$$f_2(\boldsymbol{x}) = \frac{1}{2}K(\boldsymbol{x}^{\mathrm{T}}, \boldsymbol{A}^{\mathrm{T}})(\boldsymbol{\omega}_3 + \boldsymbol{\omega}_4)^{\mathrm{T}} + \frac{1}{2}(b_3 + b_4) \tag{5.17}$$

式中, $\boldsymbol{x} = [x_1, \quad x_2, x_3, \quad x_4]^{\mathrm{T}}$。这里的补偿预测模型的输出 δy 与时间序列模型的输出有关,即时间模型的模型参数将会影响补偿预测模型的模型参数,因此,需要同时对上述两种模型的参数进行调整,最后将这两种模型组合在一起,得到转炉炼钢的终点组合预测模型,其结构如图 5.1 所示。如果将结构图中的冷却剂加入量 x_4 去掉,可得到无冷却剂的组合预测模型。

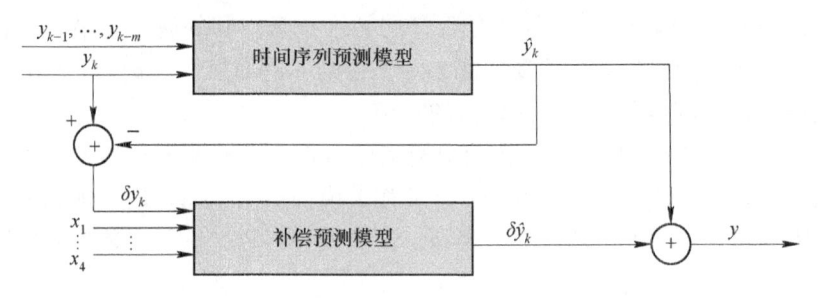

图 5.1　有冷却剂的组合预测模型的结构图

5.5.3　组合预测模型的建模过程

转炉炼钢的终点组合预测模型由时间序列预测模型和补偿预测模型组成。首先采集用于数学建模所需的历史数据样本,样本需要对一定时间段内连续炉次进行采集,每个样本中需要包含副枪测量和终点的相关信息。然后确定训练样本和测试样本的数量,假设样本总量为 300 组,如果将前 250 组终点碳含量或终点温度样本作为训练样本,可建立时间序列预测模型。然后,把该模型的训练样本作为测试样本,代入时间序列预测模型中,将会得到 250 个预测值。由于时间序列模型只能预测终点信息的变化趋势,因此预测值和实际值之间必然存在误差,所以,可以计算出 250 个预测误差。然后,将 250 个预测误差作为补偿预测模型输出的训练数据,根据 5.5.2 节提出的补偿预测模型的输入变量,结合历史数据中的训练数据,可以建立式 (5.17) 中的回归模型。转炉炼钢的组合预测模型的预测输出等于上述两个模型的输出之和。最后,通过对模型参数的优化调整,将50 组转炉样本作为测试数据,验证组合预测模型的精度。

综上所述,组合预测模型的建模过程可以描述如下:

步骤 1:初始化时间序列模型和补偿预测模型的模型参数 c_1、c_2、c_3、c_4、ε_1、ε_2、ε_3、ε_4 及 σ_1、σ_2。

步骤 2:初始化时间序列模型的种群数量 $\boldsymbol{\Theta} = [\boldsymbol{\Theta}_1, \boldsymbol{\Theta}_2, \cdots, \boldsymbol{\Theta}_s]$,以及补偿预测模型的种群数量 $\hat{\boldsymbol{\Theta}} = [\hat{\boldsymbol{\Theta}}_1, \hat{\boldsymbol{\Theta}}_2, \cdots, \hat{\boldsymbol{\Theta}}_s]$。

步骤 3:利用参数 c_1、c_2、ε_1、ε_2 和 σ_1,求解式 (5.4) 和式 (5.5) 中的优化问题,以获得相应的估计函数 (5.16),计算 $\boldsymbol{\Theta}$ 中每个元素的适合度,选择

适应度最小的最优向量 $\boldsymbol{\Theta}^*$，并计算终点碳含量或温度的 δy。

步骤 4：利用参数 c_3、c_4、ε_3、ε_4 和 σ_2，求解式（5.4）和式（5.5）中的优化问题，以获得相应的估计函数（见式（5.17）），计算 $\hat{\boldsymbol{\Theta}}$ 中每个元素的适合度，并选择适应度最小的最优向量 $\hat{\boldsymbol{\Theta}}^*$。

步骤 5：如果当前迭代次数小于最大迭代次数，则更新 a，r，P，v 和 p，利用式（5.13）确定 $\boldsymbol{\Theta}$ 和 $\hat{\boldsymbol{\Theta}}$，检测是否存在超出搜索空间的解，如果有则将其映射到可行域中的随机位置，重复步骤 3~5。否则，返回最优向量 $\boldsymbol{\Theta}^*$ 和 $\hat{\boldsymbol{\Theta}}^*$，完成时间序列预测模型和补偿预测模型的建模。

步骤 6：将训练数据代入上述两个模型中，将两个预测模型的输出相加，得到终点碳含量或终点温度的预测值。计算相关模型指标，如果达到预先设定的要求，则完成组合预测模型的建模，否则，调整模型参数，重复步骤 2 至步骤 6。

5.6　仿真实验验证与分析

5.6.1　LWOA 算法的性能测试

由于本章对传统的 WOA 算法进行了改进，提出了 LWOA 算法，因此，在建立转炉预测模型之前，需要在基准函数上进行测试，以验证改进算法的有效性。为了验证 LWOA 算法的性能，主要从算法的寻优能力、搜索能力和收敛速度三个方面检验。首先选取 16 个经典的基准函数进行测试。附表 A.1~附表 A.3 列出了 16 个基准函数的表达式，表中的 n 表示多项式的维数、V_No. 表示变量的数量、Range 表示变量的取值范围、$f_{\min}$ 表示该函数的理论最小值。LWOA 算法的相关参数设定如下：选取的种群规模为 30，最大迭代次数为 500，惯性权重的最小值 $w_{\min} = 0.01$，以及最大值 $w_{\max} = 0.08$。

附表 A.1 中的基准函数为单峰函数，单峰函数指的是变量在某个区间内只有唯一的最小值点，单峰函数能够检验优化方法的寻优能力，如果优化方法求出的最小值越接近理论最小值，则认为该方法具有更强的寻优能力；附表 A.2 中的基准函数为多峰函数，多峰函数指的是含有多个局部最优解或全局最优解的函数，它能检验优化方法的搜索能力，即通过跳出最小值，搜索到全局最优解的能力，附表 A.3 中的基准函数为固定维度的多峰基准函数，这些函数与附表 A.2 中的函数不同，其中自变量的维数 n 是一个固定值，也能用来检验优化方法的搜索能力。收敛速度指的是优化方法向目标函数极值逼近的速度，该概念是用于检验最优化算法的一个重要指标，直接影响优化算法的运算效率。

根据表中的具体参数，分别利用 LOWA 与 WOA 对表中的 16 个函数进行测试，每个算法对同一个函数优化 50 次，最后求出 50 次优化结果的平均值，运行结果的对比见表 5.1，其中 ave 表示平均值，std 表示标准差。对于单峰函数 $F_1 \sim F_7$，从表中可以看出，除了函数 F_5，其他六个函数的 LWOA 算法结果均优于 WOA 算法，这意味着 LWOA 具有更好的寻优能力。与单峰函数不同，多峰函数 $F_8 \sim F_{16}$ 具有多个局部最优解，这与变量的数目有关。从表中的结果可以看出，LWOA 在函数 $F_8 \sim F_{13}$ 和 F_{16} 上具有更好的搜索能力，在函数 F_{14} 和 F_{15} 上的表现与 WOA 算法非常接近。因此，所提出的 LWOA 算法比 WOA 更有效，也就是说它具有更好地跳出局部最小值的能力，以及全局最优解的寻优能力。

表 5.1　LWOA 和 WOA 算法的性能对比

函数	LWOA ave±std	WOA ave±std
F_1	0 ± 0	$2.3022 \times 10^{-73} \pm 1.4149 \times 10^{-72}$
F_2	$0.21425 \times 10^{-37} \pm 0$	$0.94809 \times 10^{-51} \pm 6.472 \times 10^{-51}$
F_3	0 ± 0	$4.2804 \times 10^4 \pm 1.6727 \times 10^4$
F_4	3.2801 ± 0	58.1597 ± 27.0013
F_5	28.0212 ± 2.8643	27.658 ± 0.4693
F_6	0.2149 ± 0.1200	0.4158 ± 0.2479
F_7	0.0001132 ± 0.0001002	0.0041 ± 0.0047
F_8	-12398 ± 433.7173	-9867.3 ± 1675.8
F_9	0 ± 0	$4.5475 \times 10^{-15} \pm 1.5578 \times 10^{-14}$
F_{10}	$8.8818 \times 10^{-16} \pm 5.8066 \times 10^{-15}$	$4.2988 \times 10^{-15} \pm 2.2652 \times 10^{-14}$
F_{11}	0 ± 0	0.044 ± 0.0586
F_{12}	1.357 ± 0.6531	3.1776 ± 3.3034
F_{13}	$0.0003884 \pm 7.1283 \times 10^{-5}$	$7.4668 \times 10^{-4} \pm 4.6356 \times 10^{-4}$
F_{14}	-1.0064 ± 0.0101	$-1.0316 \pm 1.1577 \times 10^{-9}$
F_{15}	0.3994 ± 0.0039	$0.3979 \pm 1.0159 \times 10^{-5}$
F_{16}	3 ± 0.0032	$3 \pm 3.5226 \times 10^{-4}$

收敛速度是评价优化算法的一个重要指标。LWOA 和 WOA 的收敛曲线对比如图 5.2（见附图 B.1~附图 B.3）所示。不难看出，除了 F_{14} 和 F_{15}，LWOA 在 14 个函数中的收敛性均优于 WOA 算法。综上所述，所提出的 LWOA 无论在寻优能力、搜索能力以及收敛速度方面，均优于传统的 WOA 算法，通过引入莱维飞行算法，能有效地增强种群多样性、扩大搜索范围以及更容易跳出局部最优。同

时，改进算法中的惯性权重对收敛速度有一定的提升，因此，LWOA 算法可用于求解 KNNWTSVR 的目标函数，以获得更高的求解效率，进而实现转炉炼钢的终点动态预测模型的构建。

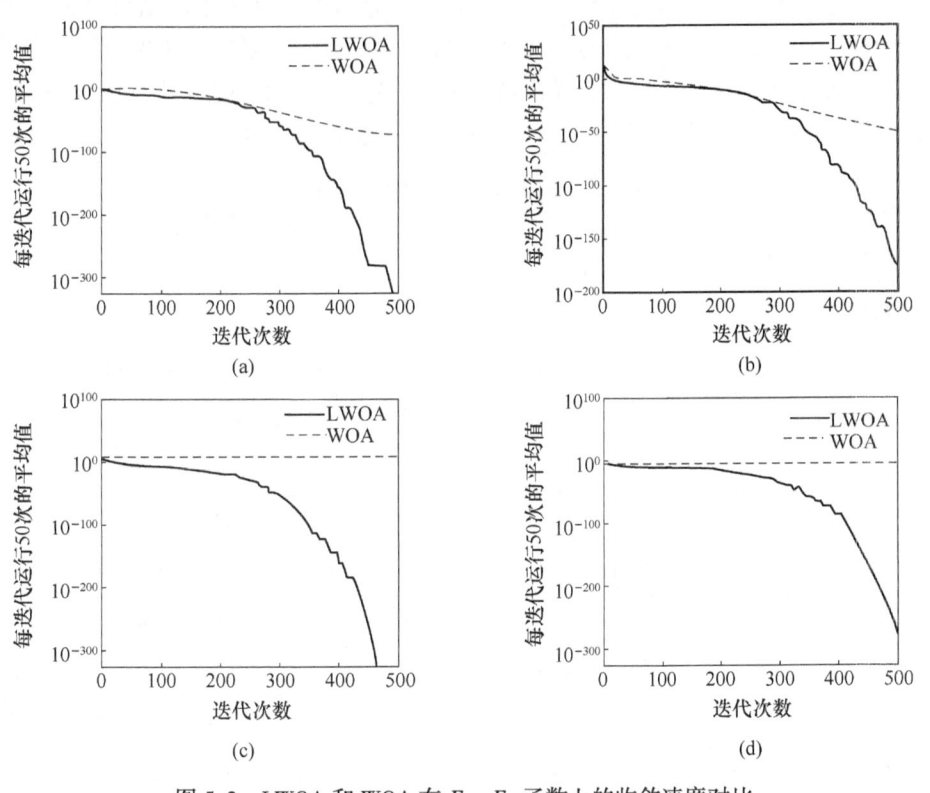

图 5.2   LWOA 和 WOA 在 $F_1 \sim F_4$ 函数上的收敛速度对比

（a）F_1；（b）F_2；（c）F_3；（d）F_4

5.6.2   有冷却剂的终点动态组合预测模型的仿真实验

为了验证所提出的组合预测模型的有效性，从某炼钢厂采集了 2017 年 5 月份的 300 组 260t 转炉的低碳钢样本，样本包含副枪过程碳含量和温度、补吹氧气量、冷却剂加入量以及终点碳含量和温度等信息，将前 250 组数据作为训练样本，后 50 组数据作为测试样本。为了评估模型的性能，首先确定模型的误差容限如下：碳含量（质量分数）预测模型的误差容限为 ±0.005%，温度预测模型的误差容限为 ±10℃，其他性能指标由式（2.1）确定。模型参数包括 KNNWTSVR 参数 ε_1，…，ε_4 和 c_1，…，c_4，高斯函数参数 σ_1 和 σ_2，以及鲸群算法的种群数量 Sa_No. 和最大迭代次数 Max_iter，最优参数的具体数值见表 5.2。

表 5.2　组合预测模型参数表

参　数	ε_1	ε_2	ε_3	ε_4	c_1	c_2	c_3	c_4	σ_1	σ_2	种群数量	最大迭代次数
碳含量模型	0.1	0.3	1	1	1	1	1	1	0.1	3000	1	100
温度模型	0.1	0.3	0.1	0.2	1	1	1	1	700	200	1	100

　　根据表中的参数，结合 5.5 节给出的建模步骤，可以建立基于 KNNWTSVR 的碳温组合预测模型，并将结果与 TSVR[11]、v-TSVR[12] 和 ASY v-TSVR[13] 模型进行比较。4 种碳含量预测模型的比较结果见表 5.3，KNNWTSVR 模型的预测效果如图 5.3 所示。从表 5.3 可以看出，所提出的碳含量预测模型的 RMSE 和 MAE 分别为 0.0028% 和 0.0027%，仅次于 ASY v-TSVR 模型，说明该模型对 50 组碳含量测试数据的预测误差在 0.0028% 左右，低于预先设定的误差容限；0.4249 的 SSE/SST 在四种模型中排名第二，优于 TSVR 和 v-TSVR 模型；SSR/SST 指标排名第三，优于 TSVR 模型，略低于 v-TSVR 和 ASY v-TSVR 模型；4 种碳含量预测模型的预测误差对比如图 5.4 所示，可以看出 KNNWTSVR 模型仅有 5 个预测误差落在误差容限之外，命中率达到 90%，而其他 3 种模型的命中率均未达到 90%。总体看，KNNWTSVR 模型的整体指标略低于 ASY v-TSVR 模型，但碳含量命中率取得了最佳的效果。

表 5.3　4 种碳温预测模型的预测效果对比

模　型	指标	KNNWTSVR	TSVR	v-TSVR	ASY v-TSVR
碳含量模型（质量分数，±0.005%）	RMSE/%	0.0027	0.0027	0.0030	0.0024
	MAE/%	0.0028	0.0031	0.0028	0.0027
	SSE/SST	0.4249	0.4316	0.5487	0.3397
	SSR/SST	0.5172	1.5985	0.5602	1.2383
	HR/%	90	82	84	84
温度模型（±10℃）	RMSE/℃	5.5325	7.1067	5.5625	5.8166
	MAE/℃	5.5496	6.9092	5.7613	6.0544
	SSE/SST	0.4314	0.7119	0.4361	0.4769
	SSR/SST	0.8879	1.2869	0.7022	1.0128
	HR/%	90	84	88	86
双命中率/%		80	72	72	76

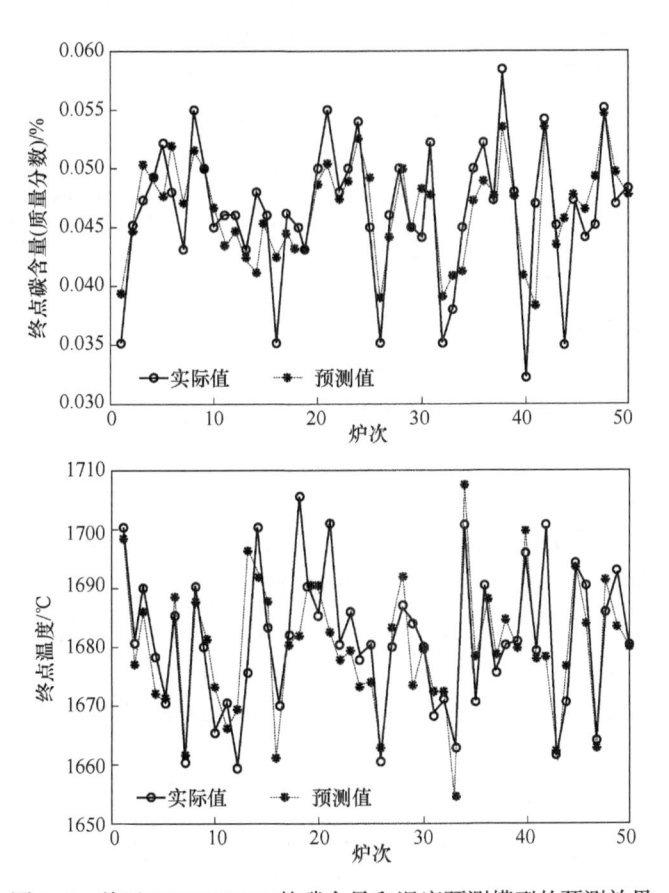

图 5.3 基于 KNNWTSVR 的碳含量和温度预测模型的预测效果

　　同理, 4 种温度预测模型的性能比较见表 5.3, 基于 KNNWTSVR 的温度模型的预测效果如图 5.4 所示。实验结果表明, KNNWTSVR 模型的 RMSE 和 MAE 分别为 5.5325℃和 5.5496℃, 满足 10℃误差容限的要求, 且结果优于其他 3 种模型; SSE/SST 指标在 4 种模型中最小, 且 SSR/SST 指标排名第二, 说明本模型具有最优的预测效果并且预测值的波动幅度最符合实际值的波动幅度; 4 种温度预测模型的预测误差对比如图 5.5 所示, KNNWTSVR 模型的误差容限包含数量最多的预测误差, 命中率达到 90%, 优于其他 3 种模型; 经计算, 基于 KNNWTSVR 的碳温预测模型的双命中率达到 80%, 也取得了最优结果。通过上述分析, 可以看出所提出的碳含量和温度的组合预测模型对终点碳含量和温度的预测更为有效。通过引入 K 最近邻权重矩阵以及利用 LWOA 算法进行求解, 提高了预测模型的泛化性能, 具体体现在命中率的提升; 所提出的组合预测模型的碳温单命中率均达到 90%, 双命中率达到 80%, 符合转炉生产现场的实际情况, 对后续建立转炉炼钢的动态控制模型具有一定的借鉴意义。

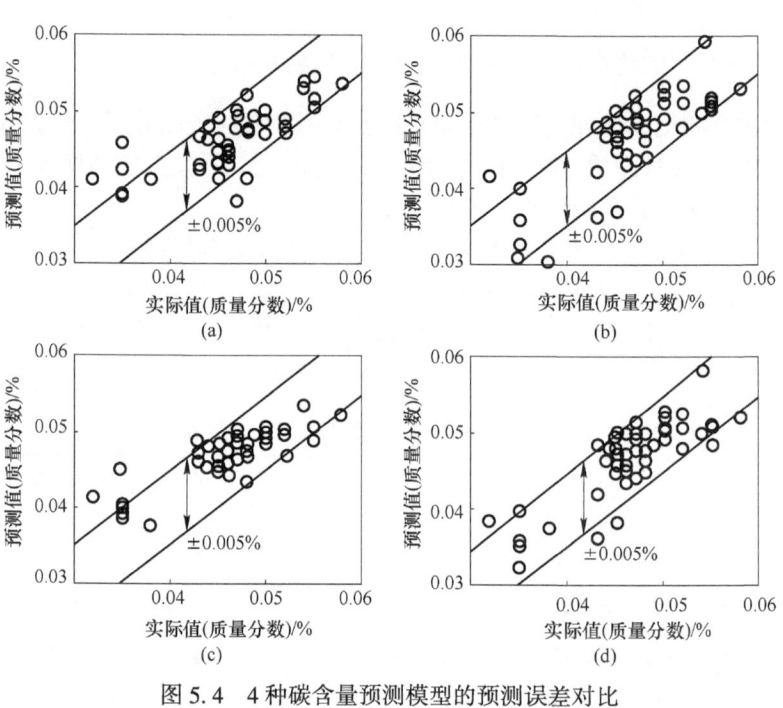

图 5.4 4 种碳含量预测模型的预测误差对比

（a）KNNWTSVR；（b）TSVR；（c）v-TSVR；（d）ASY v-TSVR

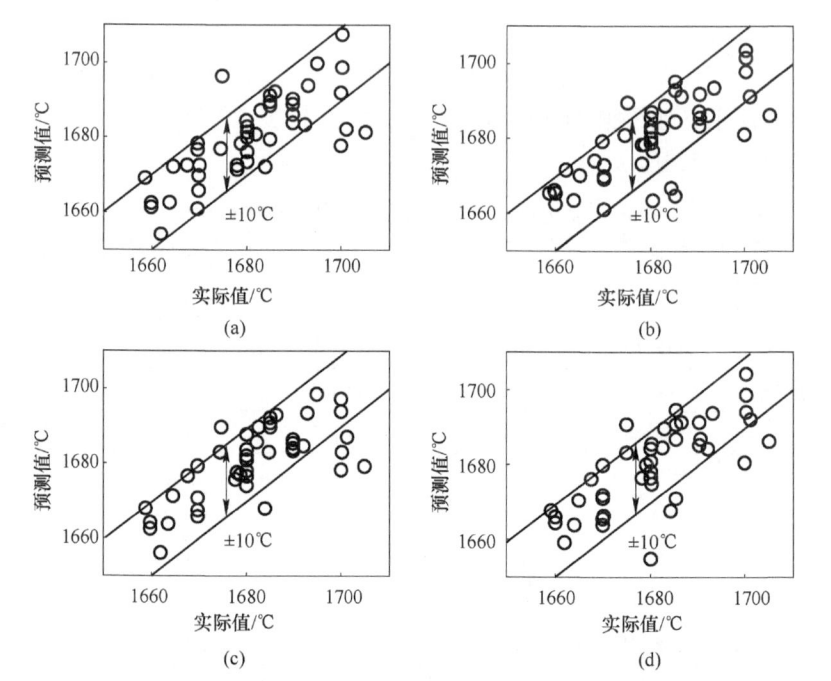

图 5.5 4 种温度预测模型的预测误差对比

（a）KNNWTSVR；（b）TSVR；（c）v-TSVR；（d）ASY v-TSVR

5.6.3 无冷却剂的终点动态组合预测模型的仿真实验

本节主要验证无冷却剂的终点动态组合预测模型的预测效果，选取 300 组某炼钢厂 2017 年 5 月份的 260t 转炉的低碳钢样本，与 5.5 节采用的样本不同的是，本节使用的样本在补吹阶段均未添加冷却剂。

将前 250 组数据作为训练样本，后 50 组数据作为测试样本。模型的性能指标和建模方法与有冷却剂的预测模型类似，仅需去除补偿预测模型中的冷却剂输入量，其余部分相同，表 5.4 给出了无冷却剂的组合预测模型的最优参数。

表 5.4 无冷却剂的组合预测模型参数表

参 数	ε_1	ε_2	ε_3	ε_4	c_1	c_2	c_3	c_4	σ_1	σ_2	SA_No.	Max_iter
碳含量模型	0.1	0.3	0.2	0.1	1	1	1	1	1	300	1	100
温度模型	0.1	0.3	0.1	0.2	1	1	1	1	1	40	1	100

根据表中的参数，结合相关的建模步骤，可以建立碳温组合预测模型。同样地，将该模型与现有的 3 种预测模型进行了比较，碳含量和温度预测效果对比结果如表 5.5 所示，基于 KNNWTSVR 的碳含量预测模型的预测误差约为 0.002%，满足设定的 0.005% 的误差容限要求。MAE、SSE/SST 和 SSR/SST 三个指标在 4 种模型中取得了最优的结果，RMSE 指标排名第三。KNNWTSVR 模型的预测效果如图 5.6 所示，除了第 31 炉、32 炉、38 炉和 41 炉，其余 46 炉的预测值与实际值的拟合程度较好。

表 5.5 4 种无冷却剂的碳温预测模型的预测效果对比

模 型	指标	KNNWTSVR	TSVR	v-TSVR	ASY v-TSVR
碳含量模型（质量分数）（±0.005%）	RMSE/%	0.0025	0.0019	0.0030	0.0019
	MAE/%	0.0019	0.0021	0.0027	0.0022
	SSE/SST	0.8794	0.9632	1.3763	1.0095
	SSR/SST	1.1829	0.6196	1.5346	0.6675
	HR/%	92	94	94	90
温度模型（±10℃）	RMSE/℃	3.9603	4.5515	4.4585	4.5495
	MAE/℃	4.4722	4.8718	5.1809	5.1625
	SSE/SST	0.5850	0.7727	0.7415	0.7721
	SSR/SST	0.7165	1.2119	1.1067	1.3409
	HR/%	94	92	92	94
双命中率/%		88	86	86	84

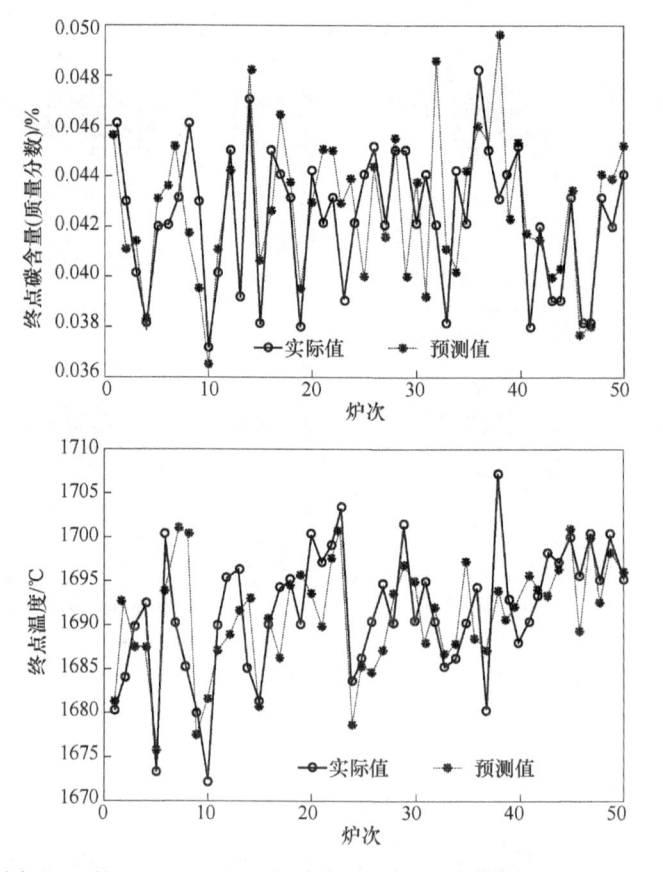

图 5.6 基于 KNNWTSVR 的碳含量和温度预测模型的预测效果

4 种碳含量预测模型的预测误差对比如图 5.7 所示，可以看出所提出的预测模型上述 4 炉的预测误差落在误差容限之外，命中率达到 92%，略低于 TSVR 和 v-TSVR 模型的 94%，高于 ASY v-TSVR 模型的 90%。从整体看，KNNWTSVR 预测模型的五个指标中，至少 3 个指标优于 3 种模型，因此，所提出的碳含量模型具有较好的建模精度。

　　同理，4 种温度预测模型的性能比较见表 5.5，结果表明，KNNWTSVR 模型的 RMSE 和 MAE 分别为 3.9603℃和 4.4722℃，优于其他 3 种模型；SSE/SST 指标在 4 种模型中最小，SSR/SST 排名第三，说明本模型具有较好的预测精度，但预测值的波动幅度与实际值的波动幅度的拟合度仅优于 ASY v-TSVR 模型；从图 5.6 可以看出，第 7 炉、第 8 炉和第 38 炉的预测偏差较大，其余炉次的预测效果较好；4 种温度预测模型的预测误差对比如图 5.8 所示，KNNWTSVR 模型和 ASY v-TSVR 模型的误差容限包含数量最多的预测误差，命中率均达到 94%，优于其他两种模型；经计算，所提出的模型的双命中率达到 88%，该指标高于其他 3 种模型。

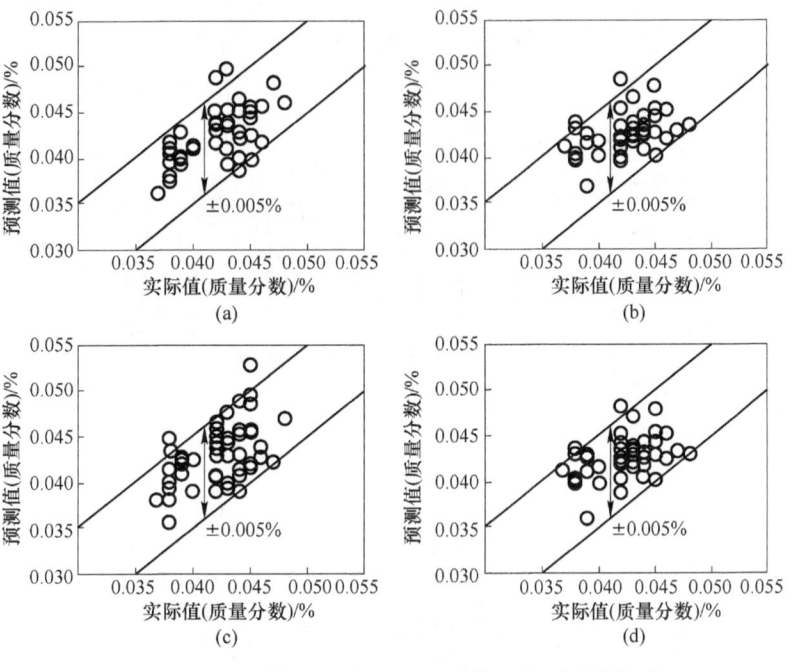

图 5.7　4 种无冷却剂的碳含量预测模型的预测误差对比

（a）KNNWTSVR；（b）TSVR；（c）v-TSVR；（d）ASY v-TSVR

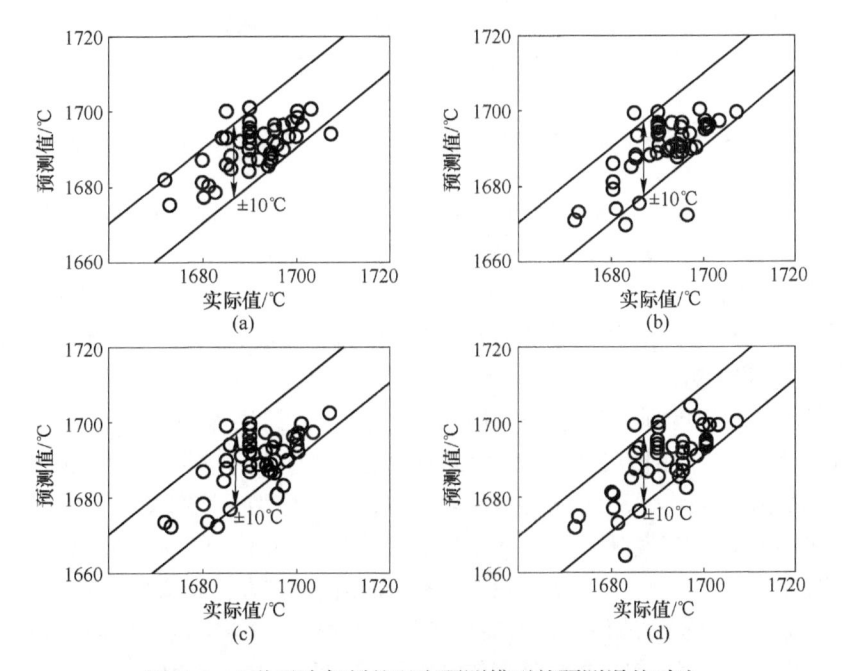

图 5.8　4 种无冷却剂的温度预测模型的预测误差对比

（a）KNNWTSVR；（b）TSVR；（c）v-TSVR；（d）ASY v-TSVR

通过上述分析，对于有冷却剂和无冷却剂两种情况的转炉终点预测问题，基于 KNNWTSVR 的组合预测模型均取得了良好的预测效果。有冷却剂的组合预测模型在±0.005%和±10℃的误差容限下的碳温单命中率达到90%，碳温双命中率达到80%，如果将温度的误差容限进一步扩大，所提出的预测模型将会取得更高的双命中率。有冷却剂的组合预测模型的碳温双命中率达到88%，达到了指导实际生产的要求。与其他三种典型的 TSVR 模型相比，通过引入 KNN 权重矩阵，使转炉终点预测模型具有较高的终点命中率，说明 KNNWTSVR 模型具有更好的泛化能力。因此，所提出的模型可为生产现场提供指导，在此基础上，可建立转炉的动态控制模型。

5.7　本章小结

本章依据 KNNWTSVR 和 LWOA 的算法原理，提出了一种转炉炼钢终点组合预测模型，该模型由时间序列预测模型和补偿预测模型组成，分别逼近影响转炉的非定量和定量因素模型。建模过程中，通过 LWOA 方法求解 KNNWTVR 目标函数，最终得到回归模型，然后给出了具体的建模步骤。实验结果表明，所提出的组合预测模型是有效可行的。有冷却剂的组合预测模型的碳温双命中率达到80%；无冷却剂的组合预测模型的碳温双命中率可达88%。本模型可为吹炼后期的生产过程提供指导，也可为后续建立转炉炼钢的终点动态控制模型奠定了良好的基础。

参 考 文 献

[1] 韩敏，赵耀，杨溪林，等．基于鲁棒相关向量机的转炉炼钢终点预报模型 [J]．控制理论与应用，2011，28（3）：343-350.

[2] 谢书明，高宪文，柴天佑．基于灰色模型的转炉炼钢终点预报研究 [J]．钢铁研究学报，1999（4）：13-16.

[3] 程进，王坚．基于多任务学习的炼钢终点预测方法 [J]．计算机应用，2017，37（3）：889-895.

[4] 严良涛，李赣平，赵学远，等．KICR 在转炉炼钢终点温度预测中的应用 [J]．传感器与微系统，2017，36（1）：153-156.

[5] 王心哲，韩敏．基于变量选择的转炉炼钢终点预报模型 [J]．控制与决策，2010，25（10）：1589-1592.

[6] 刘闯，韩敏，王心哲．基于膜算法进化极限学习机的氧气转炉炼钢终点预报模型 [J]．大连理工大学学报，2014，54（1）：124-130.

[7] 谢书明，柴天佑，陶钧．一种转炉炼钢动态终点预报的新方法 [J]．自动化学报，2001（1）：136-139.

[8] Xu Y T，Wang L. K-nearest neighbor-based weighted twin support vector regression [J]. Applied

Intelligence, 2014, 41 (1): 299-309.

[9] 段娇娇, 曲强, 高闯, 等. 基于 Lévy flight 的自适应动态增强烟花算法 [J]. 计算机应用研究, 2018, 35 (10): 3011-3015.

[10] 牛培峰, 吴志良, 马云鹏, 等. 基于鲸鱼优化算法的汽轮机热耗率模型预测 [J]. 化工学报, 2017, 68 (3): 1049-1057.

[11] Peng X. TSVR: An efficient twin support vector machine for regression [J]. Neural Networks, 2010, 23 (3): 365-372.

[12] Rastogi R, Anand P, Chandra S. A v-twin support vector machine based regression with automatic accuracy control [J]. Applied Intelligence, 2016, 46 (3): 1-14.

[13] Xu Y T, Li X, Pan X, et al. Asymmetric v-twin support vector regression [J]. Neural Computing & Applications, 2017 (2): 1-16.

6 转炉炼钢的终点动态控制模型研究

在转炉炼钢的吹炼后期，终点碳含量和温度主要取决于补吹氧气量和冷却剂加入量，因此本章主要研究这个阶段的转炉炼钢的终点控制问题。前面章节已经验证了小波权重 TSVR 在转炉建模方面的可行性和有效性，本章在此基础上，同时考虑到模型的正则化问题，可以避免建模过程中的过拟合问题，然后将约束条件代入到目标函数中，将其转化为无约束的优化问题进行求解，由于变换后的目标函数是不光滑的，对模型的求解带来了一定的难度，因此采用光滑函数对模型进行处理，然后利用牛顿梯度下降法，可直接在原始解空间对模型进行求解。与传统 TSVR 的拉格朗日对偶问题求解方法相比，在原始空间求解目标函数具有更快的收敛速度。因此，本章提出了一种无约束条件的小波权重 TSVR 算法，以改善算法的运算效率，然后利用历史炉次的副枪测量信息和终点信息，建立了转炉炼钢终点动态控制模型。通过对实际生产数据的仿真证明了所提出的控制模型的有效性。

6.1 概 述

近些年来，国内外一些学者对转炉炼钢的动态控制模型进行了研究。石艳等人[1]采用副枪和炉气分析系统的过程动态控制技术，建立了适用于转炉半钢炼钢的终点动态控制模型。根据初始条件和终点目标，用静态模型制定吹炼方案，连续检测吹炼过程中的炉气成分；全程在线预报熔池 C、Si、Mn、P、S 含量及熔池温度；接近吹炼终点时，用副枪测温，进行动态校正，确定吹炼终点。曲丽萍等人[2]采用神经网络作为转炉炼钢的预报模型和控制模型，并将终点温度和终点碳含量作为控制目标值，计算氧气补吹量和冷却剂的补入量，从而实现转炉炼钢的终点控制。胡燕等人[3]以炼钢厂副枪测量的实际数据为基础建立数据决策表，运用关联规则算法挖掘隐含的规则，通过数值实验确定在支持度为 0.25 和信任度为 0.08 时，可以挖掘出准确性较好的关联规则。张华等人[4]从辅料资源运行特性的角度分析了炼钢终点控制过程工艺，并在此基础上建立了以改进粒子群优化算法求解的终点优化控制模型，得出了终点优化控制策略。Bout 等人[5]基于多区反应动力学，提出了一种转炉炼钢的动态降碳模型。Tao 等人[6]将神经网络、模糊推理、专家系统与转炉炼钢动态过程控制方法相结合，提出了一种新的转炉炼钢动态过程的智能控制方法。Han 等人[7]提出了一种基于自适应网络模糊推理系统（ANFIS）和鲁棒相关向量机（RRVM）的转炉终点动态控制模型，首先构造 ANFIS 分类器确定是否需要添加冷却剂，然后利用 ANFIS 回归模型计算氧气量和冷却剂加入量，取得了较高的预测精度。Wang 等人[8]通过将多元回归分析和多层递归方法完全结合，建立了转炉的多层递归回归模型，对转炉炼钢终点磷含量进行预测控制。以上成果很好地说明了智能方法在转炉炼钢动态控制方面的可行性和有效性，同时，前几章已经验证了 TSVR 算法在转炉炼钢建模方面的优越性，因此，本章进一步改进 TSVR 算法，提出了无约束小波权重 TSVR 算法，旨在提高建模效率，通过在原始空间利用牛顿迭代法求解目标函数，避免了传统的拉格朗日对偶解法中矩阵求逆的问题，这样使运算速度大大增加，并根据实际的冶炼生产数据，实现转炉炼钢的终点动态控制。本章所提出的动态控制模型对大型带副枪转炉的实际生产具有一定的实用价值。

6.2 转炉炼钢的动态控制模型分析

利用副枪测量的转炉炼钢吹炼过程能够划分为主吹阶段和补吹阶段两大阶段。主吹阶段，通过造渣去除钢水中的杂质，能够给终点碳温控制创造最佳的条件；副枪测量以后被视为补吹阶段，也就是常说的终点控制阶段，结合测量所获取的碳含量与温度等参数，明确补吹过程需要的吹氧量与冷却剂用量，进而对各个参数展开适当的调整，达到工艺所需的标准与要求。进入吹炼后期，杂质所剩无几，各项反应逐步趋于稳定，相关变化都呈现出特定的规律性，所以能够构建代表被控量（终点碳含量和温度）和控制量（补吹氧气量和冷却剂加入量）之间的函数关系的计算公式，这个关系式称为动态模型。

研究发现，动态控制与静态控制间相对独立，不过又彼此相关联，其中静态控制为动态控制的前提基础。静态控制能够给出熔炼时各个控制量（主要为吹氧量与冷却剂用量），进而得到副枪的测定时间，同时，在副枪测定的基础上，动态控制进一步调整熔炼控制量，不断提升控制精度。图 6.1 表示的是其吹炼轨迹。当测量精度不断提升时，动态控制的作用会越来越大。

在吹炼后期的生产条件和操作参数稳定的情况下，熔池中碳含量和温度可由如下的状态方程来表示[9]：

$$\frac{dC(t)}{dt} = K_1 \frac{V}{m} \{ e^{-K_2[C(t)-C_0]} - 1 \}$$

$$\frac{dT(t)}{dt} = \alpha K_1 \frac{V}{m} \{ 1 - e^{-K_2[C(t)-C_0]} \} - \beta \tag{6.1}$$

$$C(t_m) = C_m, \ T(t_m) = T_m$$

式中，K_1 为脱碳系数，% · t/(m³ · s)；K_2 为脱碳指数参数；V 为氧气流量，m³；m 为钢水质量，t；C_0 为熔池碳含量的极限值，%；α 为升温系数，℃/%；β 为降温速率，℃/s；t_m 为副枪测量时刻；C_m 为副枪测量熔池碳含量，%；T_m 为副枪测量熔池温度，℃。

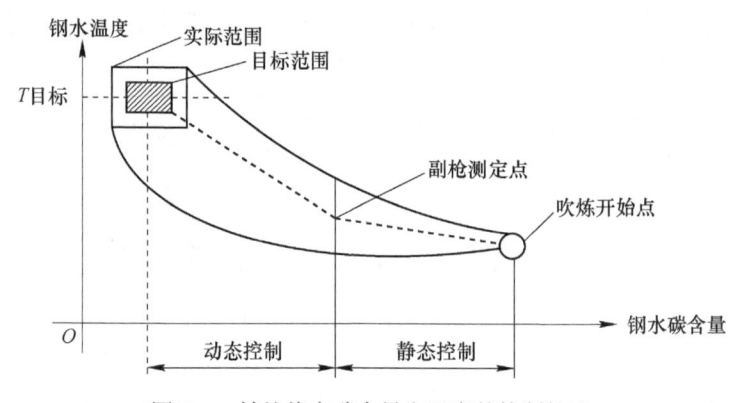

图 6.1　转炉终点碳含量和温度的控制轨迹

根据历史炉次信息对参数 K_1、K_2、α 和 β 进行估计。通过对式（6.1）进行求解，可得到吹炼后期熔池温度和碳含量的关系式：

$$C(t) = C_0 + \frac{1}{K_2}\ln\left\{1 + \left[e^{-K_2(C(t)-C_0)} - 1\right]e^{-K_1K_2\frac{V}{W_h}(t-t_m)}\right\} \qquad (6.2)$$

$$T(t) = T_m + \frac{\alpha}{K_2}\ln\left\{1 + \left[e^{-K_2(C_m-C_0)} - 1\right]e^{-K_1K_2\frac{V}{W_h}(t-t_m)}\right\} - \beta(t-t_m) + \alpha(C_m-C_0)$$

$$\qquad (6.3)$$

进入吹炼后期，大部分杂质已经去除，内部反应相对稳定，炉渣组成成分较为稳定，此阶段的控制量主要是吹氧量和冷却剂加入量。当补吹控制质量达标时，能够有效地提升后期产品的质量。上述脱碳升温模型的建模需要用到很多个理论参数，周边环境与生产工艺却会直接影响到参数的变化，导致其不具备稳定性，基于该模型进行吹氧量和冷却剂加入量的计算的精度难以保证。因此，可在终点控制阶段引入人工智能技术，建立补吹阶段吹氧量与冷却剂加入量等控制模型，以此来确保控制的质量与精度。

本章对转炉炼钢补吹阶段的吹氧量与冷却剂用量所采取的控制措施为：首先获取主吹结束后副枪测得的熔池碳含量和温度，其次利用吹氧量预设定模型计算出初始吹氧量，其次利用吹氧量和冷却剂加入量调整模块，对补吹氧气量和冷却剂加入量通过终点碳含量和终点温度预测模型进行调整，最后计算出补吹阶段所需的吹氧量和冷却剂加入量。为了进一步提升转炉模型的建模精度和建模效率，本章提出了一种无约束小波权重 TSVR 算法，用于建立预设定模型和碳温预测模型。

6.3 基于无约束小波权重的 TSVR 算法

2013 年，Shao 等人[10] 提出了一种 ε-TSVR 算法，其改进算法在传统的 TSVR 的目标函数中引入了正则化项，降低建模过程中出现过拟合的风险，ε-TSVR 算法可归结为求解下列二次规划问题：

$$\min_{\boldsymbol{\omega}_1,b_1,\boldsymbol{\xi}^*} \frac{1}{2} \| \boldsymbol{y} - [K(\boldsymbol{A}, \boldsymbol{A}^{\mathrm{T}})\boldsymbol{\omega}_1 + b_1\boldsymbol{e}] \|^2 + \frac{1}{2}c_1(\boldsymbol{\omega}_1^2 + b_1^2) + c_2\boldsymbol{e}^{\mathrm{T}}\boldsymbol{\xi}$$

s. t.
$$\boldsymbol{y} - [K(\boldsymbol{A}, \boldsymbol{A}^{\mathrm{T}})\boldsymbol{\omega}_1 + b_1\boldsymbol{e}] \geqslant -\varepsilon_1\boldsymbol{e} - \boldsymbol{\xi}, \ \boldsymbol{\xi} \geqslant 0\boldsymbol{e} \tag{6.4}$$

$$\min_{\boldsymbol{\omega}_2,b_2,\boldsymbol{\xi}^*} \frac{1}{2} \| \boldsymbol{y} - [K(\boldsymbol{A}, \boldsymbol{A}^{\mathrm{T}})\boldsymbol{\omega}_2 + b_2\boldsymbol{e}] \|^2 + \frac{1}{2}c_3(\boldsymbol{\omega}_2^2 + b_2^2) + c_4\boldsymbol{e}^{\mathrm{T}}\boldsymbol{\xi}^*$$

s. t.
$$K(\boldsymbol{A}, \boldsymbol{A}^{\mathrm{T}})\boldsymbol{\omega}_2 + b_2\boldsymbol{e} - \boldsymbol{y} \geqslant -\varepsilon_2\boldsymbol{e} - \boldsymbol{\xi}^*, \ \boldsymbol{\xi}^* \geqslant 0\boldsymbol{e} \tag{6.5}$$

式中，c_1，c_2，c_3，c_4，ε_1，$\varepsilon_2 \geqslant 0$ 是算法参数。该算法通过在目标函数中引入了正则化项 $c_1(\boldsymbol{\omega}_1^2 + b_1^2)/2$ 和 $c_3(\boldsymbol{\omega}_2^2 + b_2^2)/2$，能够避免建模过程中出现的过拟合问题。本章在该方法的基础上，结合所提出的小波权重 TSVR 算法思想，对上述问题进行改进，在目标函数中引入小波权重 $\boldsymbol{D}$，给予目标函数中的第一项中的预测误差不同的权重，提高算法的泛化性能，因此，改进后的目标函数可表示为

$$\min_{\boldsymbol{\omega}_1,b_1,\boldsymbol{\xi}} \frac{1}{2}\{\boldsymbol{y} - [K(\boldsymbol{A}, \boldsymbol{A}^{\mathrm{T}})\boldsymbol{\omega}_1 + b_1\boldsymbol{e}]\}^{\mathrm{T}}\boldsymbol{D}\{\boldsymbol{y} - [K(\boldsymbol{A}, \boldsymbol{A}^{\mathrm{T}})\boldsymbol{\omega}_1 + b_1\boldsymbol{e}]\} +$$

$$\frac{c_1}{2}(\boldsymbol{\omega}_1^{\mathrm{T}}\boldsymbol{\omega}_1 + b_1^2) + c_2\boldsymbol{e}^{\mathrm{T}}\boldsymbol{\xi}$$

s. t.
$$\boldsymbol{y} - [K(\boldsymbol{A}, \boldsymbol{A}^{\mathrm{T}})\boldsymbol{\omega}_1 + b_1\boldsymbol{e}] \geqslant -\varepsilon_1\boldsymbol{e} - \boldsymbol{\xi}, \ \boldsymbol{\xi} \geqslant 0\boldsymbol{e} \tag{6.6}$$

$$\min_{\boldsymbol{\omega}_2,b_2,\boldsymbol{\xi}^*} \frac{1}{2}\{\boldsymbol{y} - [K(\boldsymbol{A}, \boldsymbol{A}^{\mathrm{T}})\boldsymbol{\omega}_2 + b_2\boldsymbol{e}]\}^{\mathrm{T}}\boldsymbol{D}\{\boldsymbol{y} - [K(\boldsymbol{A}, \boldsymbol{A}^{\mathrm{T}})\boldsymbol{\omega}_2 + b_2\boldsymbol{e}]\} +$$

$$\frac{c_3}{2}(\boldsymbol{\omega}_2^{\mathrm{T}}\boldsymbol{\omega}_2 + b_1^2) + c_4\boldsymbol{e}^{\mathrm{T}}\boldsymbol{\xi}^*$$

s. t.
$$K(\boldsymbol{A}, \boldsymbol{A}^{\mathrm{T}})\boldsymbol{\omega}_2 + b_2\boldsymbol{e} - \boldsymbol{y} \geqslant -\varepsilon_2\boldsymbol{e} - \boldsymbol{\xi}^*, \ \boldsymbol{\xi}^* \geqslant 0\boldsymbol{e} \tag{6.7}$$

式中，c_1，c_2，c_3，c_4，ε_1，$\varepsilon_2 \geqslant 0$ 为算法参数；$\boldsymbol{D}$ 为一个 $l \times l$ 维的对角矩。

目标函数中的第一项用于最小化估计函数 $f_1(\boldsymbol{x}) = K(\boldsymbol{x}^{\mathrm{T}}, \boldsymbol{A}^{\mathrm{T}})\boldsymbol{\omega}_1 + b_1$ 或 $f_2(\boldsymbol{x}) = K(\boldsymbol{x}^{\mathrm{T}}, \boldsymbol{A}^{\mathrm{T}})\boldsymbol{\omega}_2 + b_2$ 到训练数据样本点的欧氏距离，矩阵 $\boldsymbol{D}$ 对每个欧氏距离赋予不同的权重。第二项为正则化，用于解决过拟合问题。第三项是松弛变量 $\boldsymbol{\xi}$ 或 $\boldsymbol{\xi}^*$。前几章提出的 TSVR 算法的求解方法均采用拉格朗日乘子法将目标函数转化为其对偶问题进行求解，为了进一步提高算法的运算效率，首先引入加号函数 $(\cdot)_+$，将式 (6.6) 和式 (6.7) 转化为无约束的优化问题，然后就可以在原始解空间求解优化问题，这样可以省去拉格朗日对偶问题求解法中矩阵求逆

的运算量，达到加快求解速度的目的，转化后的无约束条件目标函数为

$$\min_{\boldsymbol{\zeta}_1} L_1(\boldsymbol{\zeta}_1) = \frac{1}{2}(\boldsymbol{y} - \boldsymbol{H}\boldsymbol{\zeta}_1)^{\mathrm{T}} \boldsymbol{D}(\boldsymbol{y} - \boldsymbol{H}\boldsymbol{\zeta}_1) + \frac{1}{2}c_1\boldsymbol{\zeta}_1^{\mathrm{T}}\boldsymbol{\zeta}_1 + c_2\boldsymbol{e}^{\mathrm{T}}(\boldsymbol{H}\boldsymbol{\zeta}_1 - \boldsymbol{\gamma}_1)_+ \quad (6.8)$$

$$\min_{\boldsymbol{\zeta}_2} L_2(\boldsymbol{\zeta}_2) = \frac{1}{2}(\boldsymbol{y} - \boldsymbol{H}\boldsymbol{\zeta}_2)^{\mathrm{T}} \boldsymbol{D}(\boldsymbol{y} - \boldsymbol{H}\boldsymbol{\zeta}_2) + \frac{1}{2}c_3\boldsymbol{\zeta}_2^{\mathrm{T}}\boldsymbol{\zeta}_2 + c_4\boldsymbol{e}^{\mathrm{T}}(\boldsymbol{\gamma}_2 - \boldsymbol{H}\boldsymbol{\zeta}_2)_+ \quad (6.9)$$

式中，$\boldsymbol{\zeta}_1 = [\boldsymbol{\omega}_1^{\mathrm{T}} b_1]^{\mathrm{T}}$；$\boldsymbol{\zeta}_2 = [\boldsymbol{\omega}_2^{\mathrm{T}} b_2]^{\mathrm{T}}$；$\boldsymbol{H} = [K(\boldsymbol{A}, \boldsymbol{A}^{\mathrm{T}})\boldsymbol{e}]$；$\boldsymbol{\gamma}_1 = \boldsymbol{y} + \varepsilon_1 \boldsymbol{e}$；$\boldsymbol{\gamma}_2 = \boldsymbol{y} - \varepsilon_2 \boldsymbol{e}$。

不难看出，转化后的目标函数仍然为一个强凸函数。因此，上述优化问题必然存在全局最优解。但是，由于目标函数中的加号函数不可导，因此，需要采用一个光滑函数 $s(\cdot)$ 进行逼近，本书采用了 CHKS（Chen-Harker-Kanzow-Smale）光滑函数[11]逼近加号函数 $(\cdot)_+$，其表达式为

$$s_1(x, \alpha) = \frac{x + \sqrt{x^2 + 4\alpha^2}}{2} \quad (6.10)$$

式中，x 为变量；α 为常数，则目标函数式（6.8）和式（6.9）可转换成

$$\min_{\boldsymbol{\zeta}_1} L_1(\boldsymbol{\zeta}_1) = \frac{1}{2}(\boldsymbol{y} - \boldsymbol{H}\boldsymbol{\zeta}_1)^{\mathrm{T}} \boldsymbol{D}(\boldsymbol{y} - \boldsymbol{H}\boldsymbol{\zeta}_1) + \frac{1}{2}c_1\boldsymbol{\zeta}_1^{\mathrm{T}}\boldsymbol{\zeta}_1 + c_2\boldsymbol{e}^{\mathrm{T}}s_1(\boldsymbol{H}\boldsymbol{\zeta}_1 - \boldsymbol{\gamma}_1, \alpha)$$

$$(6.11)$$

$$\min_{\boldsymbol{\zeta}_2} L_2(\boldsymbol{\zeta}_2) = \frac{1}{2}(\boldsymbol{y} - \boldsymbol{H}\boldsymbol{\zeta}_2)^{\mathrm{T}} \boldsymbol{D}(\boldsymbol{y} - \boldsymbol{H}\boldsymbol{\zeta}_2) + \frac{1}{2}c_3\boldsymbol{\zeta}_2^{\mathrm{T}}\boldsymbol{\zeta}_2 + c_4\boldsymbol{e}^{\mathrm{T}}s_1(\boldsymbol{\gamma}_2 - \boldsymbol{H}\boldsymbol{\zeta}_2, \alpha)$$

$$(6.12)$$

上述优化问题可利用牛顿迭代法进行求解。梯度向量 $\nabla L_1(\boldsymbol{\zeta}_1)$ 和 $\nabla L_2(\boldsymbol{\zeta}_2)$ 可推得

$$\nabla L_1(\boldsymbol{\zeta}_1) = \boldsymbol{G}_1\boldsymbol{\zeta}_1 - \boldsymbol{H}^{\mathrm{T}}\boldsymbol{D}\boldsymbol{y} + \frac{1}{2}c_2\boldsymbol{H}^{\mathrm{T}}[\boldsymbol{e} + \boldsymbol{d}_1(\boldsymbol{H}\boldsymbol{\zeta}_1 - \boldsymbol{\gamma}_1)] \quad (6.13)$$

$$\nabla L_2(\boldsymbol{\zeta}_2) = \boldsymbol{G}_2\boldsymbol{\zeta}_2 - \boldsymbol{H}^{\mathrm{T}}\boldsymbol{D}\boldsymbol{y} - \frac{1}{2}c_4\boldsymbol{H}^{\mathrm{T}}[\boldsymbol{e} + \boldsymbol{d}_2(\boldsymbol{\gamma}_2 - \boldsymbol{H}\boldsymbol{\zeta}_2)] \quad (6.14)$$

式中，$\boldsymbol{G}_1 = \boldsymbol{H}^{\mathrm{T}}\boldsymbol{D}\boldsymbol{H} + c_1\boldsymbol{I}$；$\boldsymbol{G}_2 = \boldsymbol{H}^{\mathrm{T}}\boldsymbol{D}\boldsymbol{H} + c_3\boldsymbol{I}$；$\boldsymbol{d}_1 = \mathrm{diag}\{[(\boldsymbol{H}\boldsymbol{\zeta}_1 - \boldsymbol{\gamma}_1)^2 + 4\alpha^2\boldsymbol{e}]^{-1/2}\}$；$\boldsymbol{d}_2 = \mathrm{diag}\{[(\boldsymbol{\gamma}_2 - \boldsymbol{H}\boldsymbol{\zeta}_2)^2 + 4\alpha^2\boldsymbol{e}]^{-1/2}\}$；$\boldsymbol{I}$ 为一个适当维度的单位阵；$\boldsymbol{e}$ 是一个适当维度的 1 向量。

由式（6.13）和式（6.14），可求出二阶导 $\nabla^2 L_1(\boldsymbol{\zeta}_1)$ 和 $\nabla^2 L_2(\boldsymbol{\zeta}_2)$：

$$\nabla^2 L_1(\boldsymbol{\zeta}_1) = \boldsymbol{G}_1 + 2\alpha^2 c_2 \boldsymbol{H}^{\mathrm{T}}\boldsymbol{d}_3\boldsymbol{H} \quad (6.15)$$

$$\nabla^2 L_2(\boldsymbol{\zeta}_2) = \boldsymbol{G}_2 + 2\alpha^2 c_4 \boldsymbol{H}^{\mathrm{T}}\boldsymbol{d}_4\boldsymbol{H} \quad (6.16)$$

式中，$\boldsymbol{d}_3 = \mathrm{diag}\{[(\boldsymbol{H}\boldsymbol{\zeta}_1 - \boldsymbol{\gamma}_1)^2 + 4\alpha^2\boldsymbol{e}]^{-3/2}\}$；$\boldsymbol{d}_4 = \mathrm{diag}\{[(\boldsymbol{\gamma}_2 - \boldsymbol{H}\boldsymbol{\zeta}_2)^2 + 4\alpha^2\boldsymbol{e}]^{-3/2}\}$。

最后，利用迭代法求解下式，可以求出最优解：

$$(G_1 + 2\alpha^2 c_2 H^T d_3 H)(\zeta_1^{k+1} - \zeta_1^k) = -\left\{ G_1 \zeta_1^k - H^T Dy + \frac{1}{2} c_2 H^T [e + d_1 (H\zeta_1^k - \gamma_1)] \right\}$$

$$(6.17)$$

$$(G_2 + 2\alpha^2 c_4 H^T d_4 H)(\zeta_2^{k+1} - \zeta_2^k) = -\left\{ G_2 \zeta_2^k - H^T Dy - \frac{1}{2} c_4 H^T [e + d_2 (\gamma_2 - H\zeta_2^k)] \right\}$$

$$(6.18)$$

将最优解代入式（3.8），可得到回归函数。

6.4　转炉炼钢终点动态控制模型的建模过程

转炉炼钢是一个复杂的物理化学过程，很难建立数学模型。为此，可以采用神经网络或支持向量机等智能方法建立转炉炼钢模型。建模的目的是将终点碳含量和温度控制到期望的范围内。为了实现这一目标，应准确地计算出吹氧量和原材料加入量。转炉炼钢终点控制模型的总体结构如图 6.2 所示，根据铁水的初始条件，可以通过静态控制模型计算出主吹炼期的总吹氧量和原材料加入量，根据计算出的结果控制转炉生产，到吹炼后期，利用基于副枪测量的动态控制模型，对补吹氧气量和冷却剂加入量进行调整，进而实现较高的终点命中率，因为在吹炼后期，熔池内的物理化学反应趋于稳定，影响终点碳含量和温度的因素数量少于静态模型，在此阶段对补吹氧气量和冷却剂加入量进行调整，更容易达到终点。

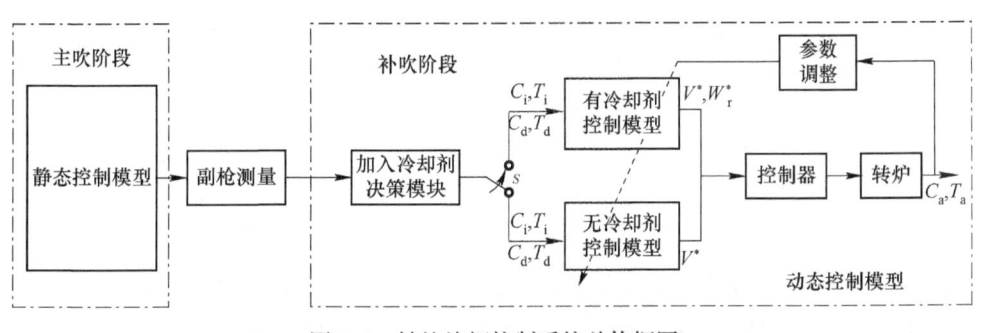

图 6.2　转炉炼钢控制系统总体框图

主吹阶段的静态控制模型可采用第 3 章提出的基于小波权重 TSVR 的转炉静态控模型，根据具体的转炉和钢种进行建模，本章主要研究补吹阶段的转炉动态控制模型，即副枪测量后的冶炼过程的控制模型。经过副枪测定后，可获得当前转炉内溶液的信息，主要获取熔池碳含量和熔池温度信息，根据上述信息的情况，需要判断是否加入冷却剂，如果熔池温度过高或者碳含量过高，需要加入一定量的冷却剂；否则，不需要加入冷却剂，因此需要分别建立有/无冷却剂的控制模型。图 6.2 中，C_i 和 T_i 分别表示副枪时刻的碳含量和温度，C_d 和 T_d 分别表示理想的终点碳含量和温度，C_a 和 T_a 分别代表实际的终点碳含量和温度。V^* 和 W_r^* 分别代表补吹吹氧量和冷却剂加入量的调整值。根据 C_i 和 T_i 的数值，由冷却剂判别模块判断是否需要添加冷却剂，确定采用加入冷却剂控制模型或不加冷却剂控制模型。控制模型的输入变量包括 C_i、T_i、C_d 和 T_d，加入冷却剂控制模型的输出变量是 V^* 或 W_r^*，不加冷却剂控制模型的输出变量为 V^*，参数调整单元用于控制模型的参数。最后，根据控制模型计算出的调整量，由控制执行器控制转炉，控制碳含量和温度达到终点。

　　本节主要设计有冷却剂的终点动态控制模型，其结构如图 6.3 所示。它主要由六个模块组成：吹氧量预设定模块（Pre_Model）、碳含量预测模型（C_Model）和温度预测模型（T_Model）、以上三个模型的参数调节单元（R_V、R_C 和 R_T）、吹氧量调整单元（OR）、冷却剂调整单元（CR）和决策模块（DM）。

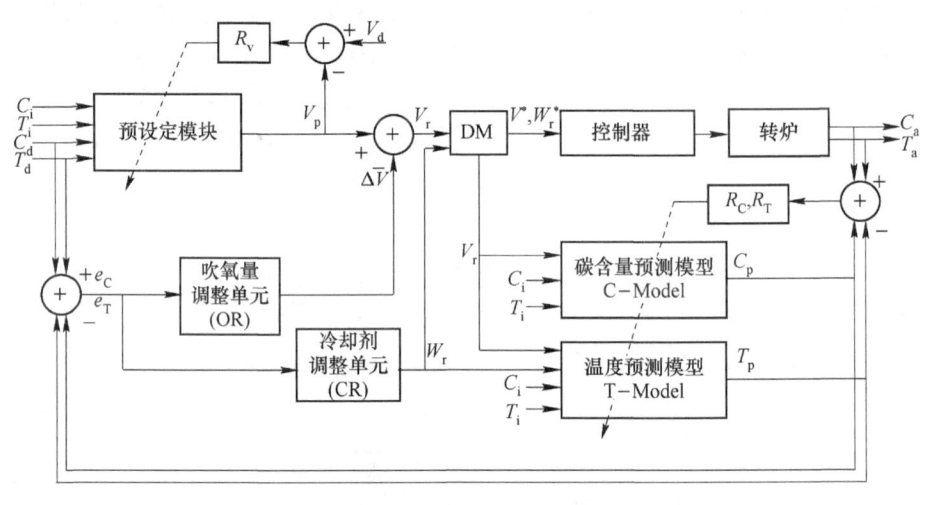

图 6.3　有冷却剂的终点动态控制模型的结构图

　　首先利用 WTWTSVR 算法建立补吹氧气量预设定模型，计算补吹氧气量 V_p，预设定模型的参数由 R_V 单元根据目标吹氧量 V_d 和预设定模型的输出 V_p 之间误差进行调整；然后利用 WTWTSVR 算法建立碳含量预测模型和温度预测模型，分别预测终点碳含量和温度。碳含量预测模型和温度预测模型的输出变量分别为终点碳含量的预测值 C_p 和终点温度的预测值 T_p。两个模型的参数分别由 R_C 和 R_T 单元根据预测值和实际值之间的误差进行调整。吹氧量调节单元（OR）对预设定模型计算出的补吹氧气量进行增量补偿，增量步长为 ΔV，调整后的补吹氧气量 V_r 等于预设定模型的输出 V_p 和增量补偿值 ΔV 之和；将 V_r、C_i 和 T_i 作为碳含量预测模型的输入变量，同时，将 V_r、W_r、C_i 和 T_i 作为温度预测模型的输入变量，可以得到终点碳含量的预测值 C_p 和终点温度的预测值 T_p。根据目标值（碳含量 C_d 和温度 T_d）与预测值（C_p 和 T_p）之间的误差（e_C 和 e_T），吹氧量调整单元和冷却剂调整单元产生不同的值（ΔV 和 W_r）使误差（e_C 和 e_T）最小化。如果达到最小化目标，决策模块 DM 保存最优的结果 V^* 和 W_r^*，并将它们发送给控制器。最后，通过控制器对转炉系统进行控制，使终点碳含量和终点温度达到期望的终点区域。对于无冷却剂的终点动态控制模型，只需在结构图中去掉冷却剂调整单元，模型仅对补吹氧气量进行调整，确保钢水达到终点。

6.4.1 碳温预测模型的建模过程

为了实现转炉炼钢的动态控制，首先要设计转炉炼钢的终点预测模型，预测模型是建立转炉炼钢终点控制模型的基础。通过采集历史炉次的数据样本，然后剔除异常数据，因为数据中可能包含转炉冶炼过程中的错误信息。通过机理分析，找到影响转炉终点信息的因素，即将这些影响因素作为预测模型的输入变量。相关的输入变量见表 6.1。值得注意的是，碳含量预测模型和温度预测模型的输入变量的数目是不同的。由于在吹炼后期，熔池内的物理和化学反应趋于稳定，因此，冷却剂只影响终点温度，也就是说碳含量预测模只有三个输入变量，而温度预测模型有四个输入变量；预测模型的输出变量是终点碳含量 C_p 或终点温度 T_p。

表 6.1　碳温预测模型的输入和输出变量

碳含量模型的输入变量	符　号	单位	温度模型的输入变量	符　号	单位
副枪碳含量（质量分数）	x_1	%	副枪碳含量（质量分数）	x_1	%
副枪温度	x_2	℃	副枪温度	x_2	℃
补吹氧气量（标态）	x_3	m³	补吹氧气量（标态）	x_3	m³
			冷却剂加入量	x_4	t
碳含量模型的输出变量	符号	单位	温度模型的输出变量	符号	单位
终点碳含量	C_p	%	终点温度	T_p	℃

碳温预测模型可由下述模型描述：

$$f_{C/T}(\boldsymbol{x}) = \frac{1}{2}K(\boldsymbol{x}^{\mathrm{T}},\ \boldsymbol{A}^{\mathrm{T}})(\boldsymbol{\omega}_1 + \boldsymbol{\omega}_2)^{\mathrm{T}} + \frac{1}{2}(b_1 + b_2) \tag{6.19}$$

式中，$f_{C/T}(\boldsymbol{x})$ 表示碳含量预测模型或温度预测模型，对于碳含量预测模型，$\boldsymbol{x} = [x_1,\ x_2,\ x_3]^{\mathrm{T}}$，对于温度预测模型，$\boldsymbol{x} = [x_1,\ x_2,\ x_3,\ x_4]^{\mathrm{T}}$。

首先采集历史炉次的数据样本，剔除异常数据，确定训练数据和测试数据的数量，然后根据下述步骤建模：

步骤 1：初始化模型参数，对训练数据进行归一化处理。

步骤 2：采用小波变换对训练数据中的终点碳含量 $C = [C_1, C_2, \cdots, C_l]^T$ 或终点温度 $T = [T_1, T_2, \cdots, T_l]^T$ 进行降噪处理，得到降噪后的碳含量样本 $C^* = [C_1^*, C_2^*, \cdots, C_l^*]^T$ 或温度样本 $T^* = [T_1^*, T_2^*, \cdots, T_l^*]^T$。

步骤 3：选择合适的参数 σ_1^*，确定权重矩阵 D。

步骤 4：在参数调整单元 R_C 和 R_T 中，选择合适的参数 c_1，c_2，c_3，c_4，ε_1，ε_2 和 σ_1。

步骤 5：利用梯度下降法，求解优化问题（见式（6.17）和式（6.18）），得到最优向量 $\boldsymbol{\zeta}_1 = [\boldsymbol{\omega}_1^T b_1]^T$ 和 $\boldsymbol{\zeta}_2 = [\boldsymbol{\omega}_2^T b_2]^T$。

步骤 6：将 $\boldsymbol{\omega}_1$，b_1 和 $\boldsymbol{\omega}_2$，b_2 代入式（6.19），得到回归函数 $f_{C/T}(\boldsymbol{x})$。

步骤 7：将训练样本代入回归函数 $f_{C/T}(\boldsymbol{x})$ 中，得到测试样本的预测值，计算模型的相关指标。

步骤 8：如果相关指标达到期望范围，则完成建模，否则，重复步骤 4 至步骤 7。

6.4.2 预设定模型的建模过程

在预测模型的基础上，可以建立吹氧量的预设定模型。通过补吹阶段的机理分析，发现吹氧量跟副枪时刻的碳含量和温度以及目标碳含量和温度有关。因此，预设定模型的输入变量见表 6.2，模型的输出变量为补吹氧气量。

表 6.2 预设定模型的输入和输出变量

预设定模型		符号	单位
输入变量	副枪碳含量（质量分数）	x_1	%
	副枪温度	x_2	℃
	目标碳含量（质量分数）	x_3	%
	目标温度	x_4	℃
输出变量	补吹氧气量（标态）	V_p	m³

预设定模型可由下述模型描述：

$$f_V(\boldsymbol{x}) = \frac{1}{2}K(\boldsymbol{x}^T, \boldsymbol{A}^T)(\boldsymbol{\omega}_1 + \boldsymbol{\omega}_2)^T + \frac{1}{2}(b_1 + b_2) \qquad (6.20)$$

式中，$f_V(\boldsymbol{x})$ 表示预设定模型的回归函数，输入向量 $\boldsymbol{x} = [x_1, x_2, \cdots, x_4]^T$。建模过程与碳温预测模型类似，具体步骤如下：

步骤 1~6：与碳温预测模型不同的是，预设定模型采用表 6.2 中的输入变量，输出变量为补吹氧气量 $\boldsymbol{V} = [V_1, V_2, \cdots, V_l]^T$。模型参数采用 R_V 单元对 c_1、c_2、c_3、c_4、ε_1、ε_2 和 σ_1 进行调整，得到回归函数 $f_V(\boldsymbol{x})$。

步骤 7：将训练数据代入式（6.20），得到预测值 $\hat{V}_p$，然后将其作为碳温预测模型的输入变量，代入碳温预测模型中，得到终点碳含量和终点温度的预测值。计算预测值和实际值之间的误差以及其他性能指标。

步骤 8：如果相关指标达到期望范围，则完成建模，否则，重复步骤 4 至步骤 7。

6.4.3　参数调整单元和决策模块

基于副枪技术的转炉炼钢动态控制的目的是在吹炼后期通过补吹氧气量和添加冷却剂来控制终点碳含量和温度。因此，终点碳含量和终点温度主要取决于吹氧量和冷却剂加入量的计算精度。在 6.4.2 节中，预设定模型可以用来计算补吹氧气量。然而，直接采用预设定模型的计算值虽然接近期望的结果，但是精度仍然不够理想。因此，可采用吹氧量调整单元（OR）对吹氧量进行调整。在 OR 中，主要利用增量迭代法，即通过增量补偿的方式，对预设定模型计算的数值进行增减运算，然后，将补偿后的数值作为碳温预测模型的输入，计算终点碳含量和终点温度的预测误差，最后，通过最小化预测误差，得到最优的补吹氧气量。

值得注意的是，温度预测模型中的输入变量比碳含量预测模型的输入变量多一个冷却剂加入量 W_r，可通过冷却剂调整单元（CR）进行调整。在吹炼后期，冷却剂的主要作用是降低熔池温度，且用量不多，因此，采用整数增量法进行调节，即初始加入量为 1t，并将其与其他输入变量代入温度预测模型，然后计算预测误差。对于下一次迭代，将加入量设置为 2t，重复上述步骤，直到达到设定的阈值为止。最后，保存预测误差最小的冷却剂加入量结果。对于 OR 和 CR 单元中的每一次迭代，当前最优结果都保存在决策模块（DM）中。如果达到最大迭代次数，则 DM 向控制器发送全局最优结果。最后，控制器可以根据具体的吹氧量和冷却剂加入量，对实际转炉进行控制，确保终点碳含量和终点温度达到满意的区域。如果副枪时刻的碳含量和温度较低，则不需要添加冷却剂，具体的建模过程如下：在上述模型的基础上，删除冷却剂调整单元，保留其他模块。然后建立碳温预测模型，并利用碳温预测模型来建立吹氧量的预设定模型，最后通过吹氧量调整单元对预设定模型的吹氧量计算值进行调整，可实现不加冷却剂的动态控制模型的数学建模。

6.5　仿真实验验证与分析

6.5.1　有冷却剂的终点动态控制模型的仿真实验

为了验证提出模型的有效性，同样选取第 5 章使用的 300 组有冷却剂的低碳钢样本。首先，根据表 6.1 和表 6.2，确定模型的输入和输出变量，终点碳含量和终点温度主要受副枪碳含量和副枪温度、补吹氧气量和冷却剂加入量影响。因此，需要删除样本中的不相关信息，如炉号、炼钢日期等无关信息。利用 6.4 节的建模方法，建立转炉炼钢终点控制模型。所提出的控制模型由两个预测模型（碳含量预测模型和温度预测模型）、一个补吹氧气量预设定模型、一个氧气量调整单元、一个冷却剂调整单元和一个决策模块组成。对于预测模型和预设定模型，各需要确定 8 个参数，以达到最优指标，这三个模型的参数通过 R_C、R_T 和 R_V 单元进行调整。首先，建立碳含量预测模型和温度预测模型。为了满足实际生产的要求，选择碳含量模型（质量分数）的预测容限为 ±0.005%，温度预测模型的预测容限为 ±10℃。每个子模型的精度可以通过在误差容限内的命中率反映，90% 的碳温命中率能够满足实际生产的需要。将 250 组作为训练样本，其余50 组样本作为测试数据来检验模型的精度。模型的精度主要受模型参数影响，模型的参数主要根据相关指标进行调整。通常情况下，在保证 RMSE、MAE 和SSE/SST 尽可能小的同时，确保获得较大的 SSR/SST 和命中率，如果达到这个标准，则该模型具有较好的精度和泛化性能。同时，模型要取得尽可能高的终点碳含量和终点温度的单命中率和双命中率。

6.5.1.1 碳温预测模型的仿真验证

利用表 6.3 中的碳含量预测模型的参数和实际生产样本，能够建立提出的碳温预测模型。第 5 章通过与 TSVR[12]、v-TSVR[13] 和 ASY v-TSVR[14] 三种终点预测模型进行对比，验证了 KNNWTSVR 模型的优越性，而且 KNNWTSVR 模型在解决优化问题的过程中结合了 K 最近邻算法赋予预测误差不同的权重，而本章所提出的转炉模型则利用小波变换的思想赋予预测误差不同的权重，因此本节仅与 KNNWTSVR 模型进行对比，以验证两种改进的 TSVR 模型在转炉炼钢终点预测上的效果好坏。

表 6.3 碳温预测模型和预设定模型参数表

模 型	c_1	c_2	c_3	c_4	ε_1	ε_2	σ_1	σ_1^*
碳含量模型	0.001	0.002	0.001	0.002	0.1	0.1	5	0.3
温度模型	0.001	0.001	0.001	0.001	0.1	0.1	3	0.25
预设定模型	0.1	0.1	0.002	0.002	1	1	0.9	2.25

碳含量预测模型的预测效果比较见表 6.4，从表中可以看出，基于 WTWTSVR 的碳含量预测模型可达到 96% 的单命中率。模型的 RMSE、MAE 和SSE/SST 分别为 0.0021%、0.0024% 和 0.2694，它们均比 KNNWTSVR 模型的相关指标小，说明所提出模型的拟合程度优于 KNNWTSVR 模型，且满足预先设定的误差容限，1.0861 的 SSR/SST 接近于 1，优于 KNNWTSVR 模型，说明预测值的波动程度与实际值的波动程度相符。从建模时间上看，WTWTSVR 模型具有更快的运算速度，用时 0.21s，而 KNNWTSVR 模型的建模用时为 1.19s。显而易见，所提出的 WTWTSVR 模型通过在原始空间求解优化问题比传统的拉格朗日求解方法具有更

快的建模速度，同时，由于 WTWTSVR 模型利用小波变换通过训练样本中的一维输出向量进行降噪处理计算权重矩阵，而 KNNWTSVR 模型则是对训练样本中的高维输入向量进行处理，所以本章所提出的转炉预测模型在建模效率上更具优势。

表6.4 两种碳温预测模型的预测效果对比

模 型	指 标	WTWTSVR	KNNWTSVR
碳含量模型（质量分数）（±0.005%）	RMSE/%	0.0021	0.0027
	MAE/%	0.0024	0.0028
	SSE/SST	0.2694	0.4249
	SSR/SST	1.0861	0.5172
	CHR/%	94	90
	建模时间/s	0.21	1.19
温度模型（±10℃）	RMSE/%	3.8280	5.5325
	MAE/%	3.8663	5.5496
	SSE/SST	0.2065	0.4314
	SSR/SST	0.9735	0.8879
	THR/%	94	90
	建模时间/s	0.07	1.11
双命中率/%		90	80

基于 WTWTSVR 的碳含量预测模型的预测效果如图6.4所示，它能反映出50炉次的实际值和预测值的变化趋势。显然，预测值的变化趋势与实际值的变化趋势具有良好的拟合度，第13炉、第26炉和第34炉的拟合程度略有偏差，从图6.5可以看出，除了这三个炉次的预测误差（质量分数）均在0.005%的误差容限内，碳含量的单命中率达到94%，优于 KNNWTSVR 模型的90%。

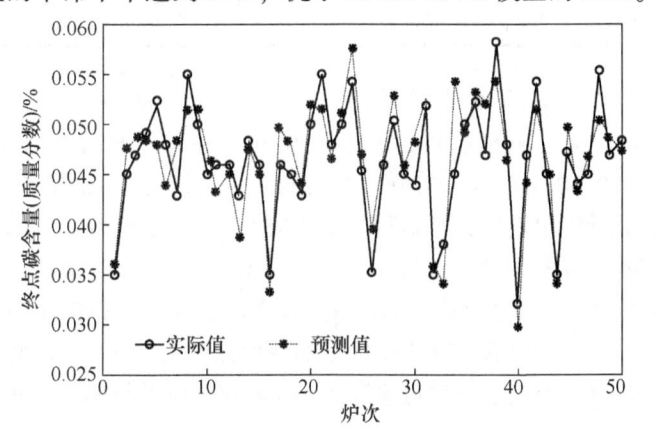

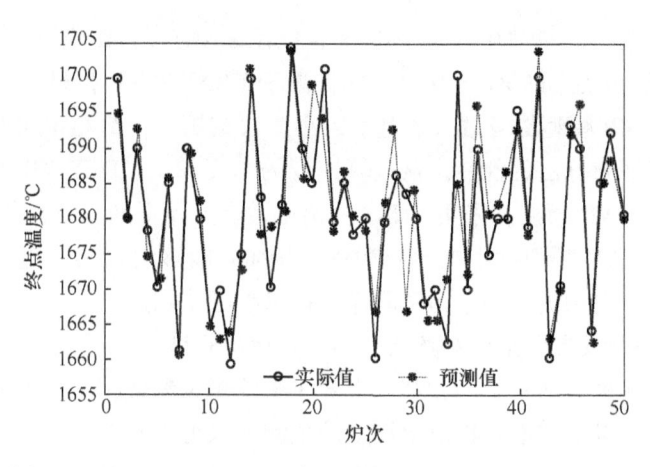

图 6.4 基于 WTWTSVR 的碳含量和温度预测模型的预测效果

同理，基于 WTWTSVR 的温度预测模型的预测效果如图 6.4 所示，仅第 19 炉、第 29 炉和第 34 炉的预测值超出了误差容限的范围，其他预测值与实际值的拟合效果较好；温度预测模型的预测效果对比见表 6.4，模型的所有指标均优于 KNNWTSVR 模型，建模用时 0.07s，而 KNNWTSVR 模型则需要 1.11s。

从图 6.5 可以看出，除了上述 3 个炉次的预测误差外，其他均在 0.005% 的

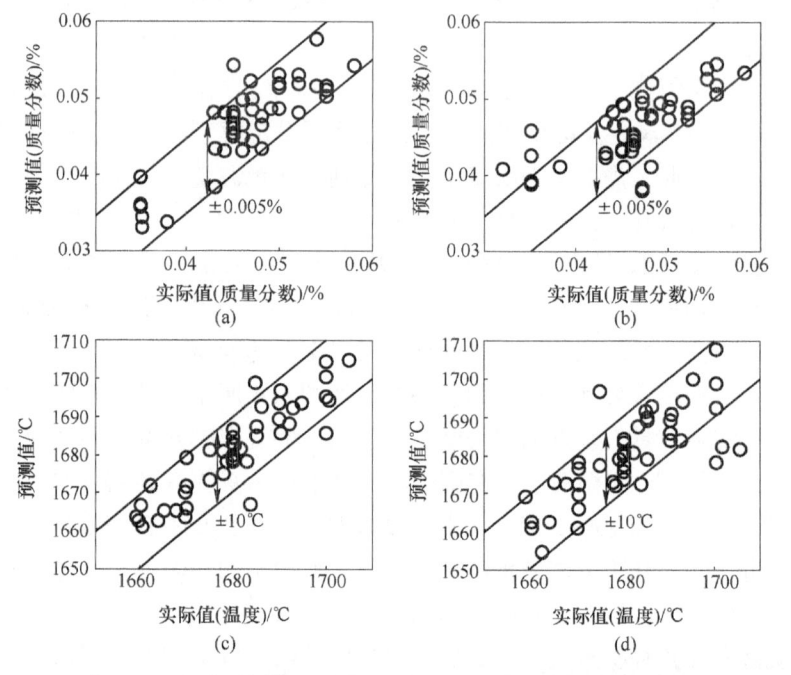

图 6.5 两种预测模型的终点碳含量和温度的预测误差对比

(a) WTWTSVR，终点碳含量；(b) KNNWTSVR，终点碳含量；

(c) WTWTSVR，终点温度；(d) KNNWTSVR，终点温度

误差容限内，温度的单命中率达到 94%，优于 KNNWTSVR 模型的 90%。此外，WTWTSVR 模型可达到 90% 的双命中率，高于 KNNWTSVR 模型的 80%。可得出结论，WTWTSVR 模型更有效，通过引入小波权重矩阵，给与预测误差不同的权重，以此提高回归算法的性能。从运算速度的角度看，WTWTSVR 模型的运算效率优于 KNNWTSVR 模型，采用 CHKS 光滑函数在原始空间求解比传统 QPP 求解方法效率更高。在实际应用中，双命中率为 90% 能够满足实际生产的需求。因此，所提出的碳温预测模型可为实际应用提供参考依据。

6.5.1.2　预设定模型和参数调整单元的仿真验证

在碳温预测模型的基础上，利用表 6.3 中的相关参数，根据建步骤，可以建立补吹氧气量预设定模型。预设定模型的预测效果见表 6.5。

表 6.5　调整前后的动态控制模型的效果对比

模　型	RMSE/m³	MAE/m³	冷却剂正确率/%	CHR/%	THR/%	双命中率/%
预设定模型	55.8540	62.2498	N/A	76	76	62
吹氧量和冷却剂调整	43.6791	48.5600	88	96	94	90

预设定模型的输出是补吹氧气量。由于预设定模型并不能反映冷却剂加入量，因此在表中它被表示为空（N/A）。将预设定模型计算出的吹氧量代入到碳温预测模型中，得到了 76% 的碳含量和温度命中率，双命中率仅为 62%。显然，62% 的命中率并不满足实际生产的需要，并且预设定模型也未给出冷却剂加入量的具体数值。因此，需要借助吹氧量和冷却剂加入量调整单元对补吹氧气量和冷却剂加入量进行调整，以提高终点命中率。

氧气量调整后的模型效果见表 6.5。从结果可以看出，所有指标均得到了大幅度的提高，调整后的吹氧量的误差约为 48m³，优于预设定模型的 62m³。另外，从表中可以看出，冷却剂调整模型的计算正确率可达 88%。

调整前后的碳含量和温度预测效果对比如图 6.6 所示。结果表明，调整后的跟踪性能与实际值具有较好的拟合度。调整前后的终点碳含量和温度的预测误差对比如图 6.7 所示，碳温命中率在调整后，分别从 76% 提高到 96% 和 94%。通过计算，双命中率可到 90%。因此，上述结果验证了所提出的转炉终点控制方法的有效性和可行性。基于上述分析，可以得出，所提出的动态控制模型是有效可行的，利用历史炉次的样本建立碳温预测模型，然后基于预测模型建立补吹氧气量预设定模型来计算补吹氧气量。最后，通过对补吹氧气量和冷却剂加入量进行调整，达到较高的终点命中率，以此建立的转炉炼钢的终点控制模型满足实际生产的要求。

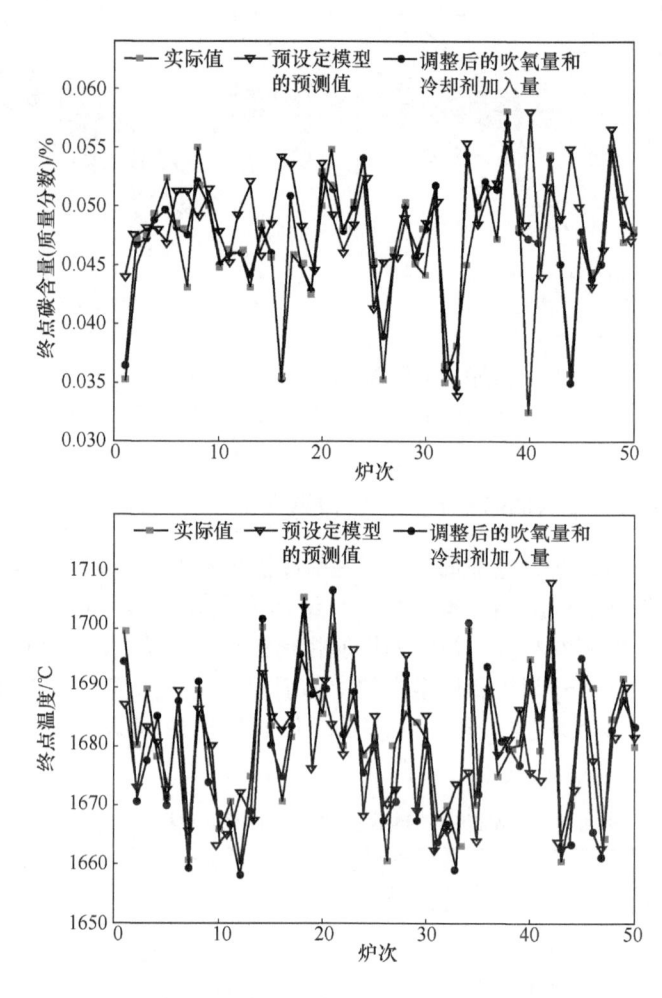

图 6.6 调整前后的终点碳含量和温度的预测效果对比

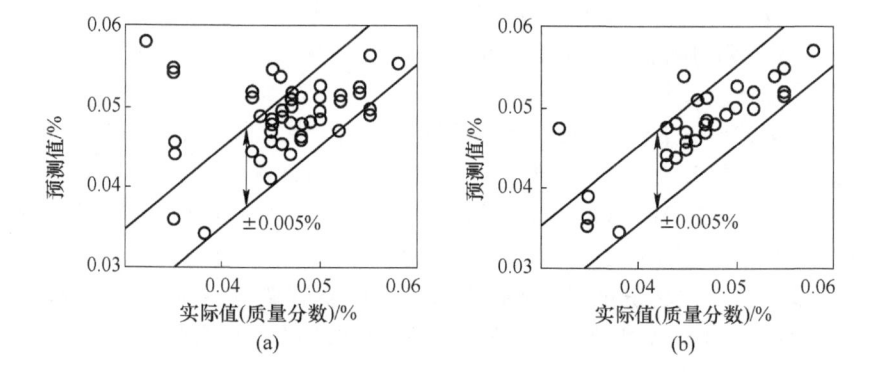

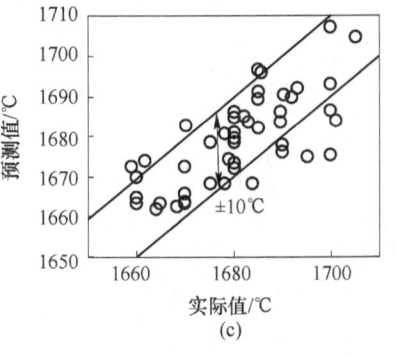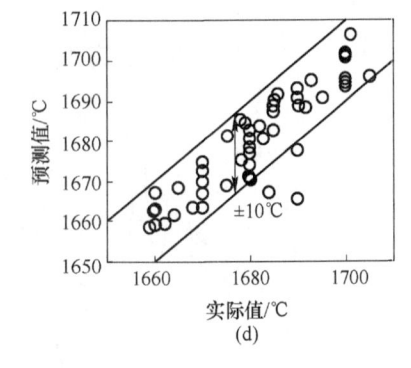

图 6.7 调整前后的终点碳含量和温度的预测误差对比

(a)（c）预设定模型的预测值；（b）（d）调整后的吹氧量和冷却剂加入量

6.5.2 无冷却剂的终点动态控制模型的仿真实验

为了验证所提出的无冷却剂的终点控制模型的有效性，同样选取第 5 章使用的 300 组无冷却剂的低碳钢样本。将 250 组作为训练样本，其余 50 组样本作为测试数据来检验模型的精度。模型的性能指标和建模方法与有冷却剂的控制模型类似，仅需去除有冷却剂控制模型中的冷却剂调整模块，其余部分相同。根据本章介绍的建模方法和步骤，最终可建立冷却剂的转炉炼钢终点动态控制模型。表 6.6 给出了无冷却剂的终点动态控制模型的最优参数。

表 6.6 无冷却剂的碳温预测模型和预设定模型参数表

模 型	c_1	c_2	c_3	c_4	ε_1	ε_2	σ_1	σ_1^*
碳含量模型	0.001	0.002	0.001	0.002	1	1	10	0.02
温度模型	1	0.005	1	0.005	1	1	1	0.08
预设定模型	1	0.05	1	0.05	1	1	0.9	20

6.5.2.1 碳温预测模型的仿真验证

利用表 6.6 中的碳含量预测模型的参数和实际生产数据样本，能够建立无冷却剂的 WTWTSVR 碳温预测模型。同样将该模型与 KNNWTSVR 模型进行对比，以验证所提出的控制模型的有效性。

基于 WTWTSVR 的碳含量预测模型的预测效果比较见表 6.7。结果表明，WTWTSVR 模型的 RMSE、命中率和建模时间 3 个指标优于 KNNWTSVR 模型，其他 3 个指标低于 KNNWTSVR 模型。基于 WTWTSVR 的碳含量预测模型的预测效果如图 6.8 所示，它能反映预测值的变化趋势与实际值的变化趋势具有良好的拟合度，第 21 炉、第 39 炉和第 40 炉的拟合程度略有偏差，从图 6.9 可以看出，有 3 个炉次的预测误差落在 0.005% 的误差容限之外，碳含量的单命中率达到 94%，优于 KNNWTSVR 模型的 92%。

表 6.7 两种无冷却剂的碳温预测模型的效果对比

模　型	指　标	WTWTSVR	KNNWTSVR
碳含量模型（质量分数） （±0.005%）	RMSE/%	0.0018	0.0025
	MAE/%	0.0020	0.0019
	SSE/SST	0.9013	0.8794
	SSR/SST	0.6379	1.1829
	CHR/%	94	92
	建模时间/s	0.80	3.50
温度模型 （±10 ℃）	RMSE/%	3.8698	3.9603
	MAE/%	4.6116	4.4722
	SSE/SST	0.5586	0.5850
	SSR/SST	0.7486	0.7165
	THR/%	96	94
	建模时间/s	0.43	3.28
双命中率/%		90	88

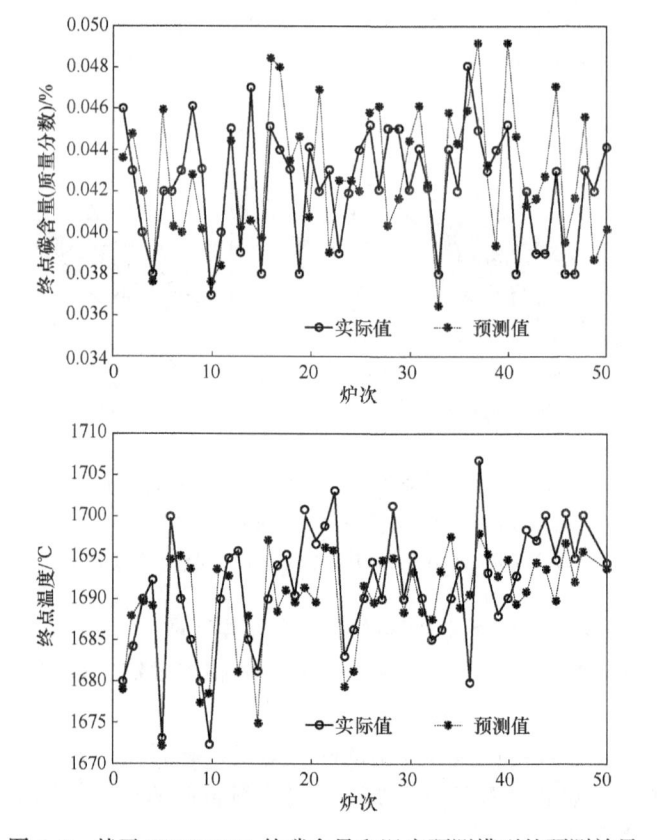

图 6.8 基于 WTWTSVR 的碳含量和温度预测模型的预测效果

同理，基于 WTWTSVR 的温度预测模型的预测效果如图 6.8 所示，仅第 13 炉和第 37 炉的预测值超出了误差容限的范围，其他炉次的预测值与实际值的拟合效果较好；温度预测模型的预测效果对比见表 6.7，除了 MAE 指标，其他 5 个指标均优于 KNNWTSVR 模型，建模用时 0.43s，而 KNNWTSVR 模型则需要 3.28s。从建模用时可以看出，在建模过程中采用小波变换求取权重矩阵的运算效率更高。

从图 6.9 可以看出，WTWTSVR 模型仅有两个炉次的预测误差落在 0.005% 的误差容限以外，温度的单命中率达到 94%，优于 KNNWTSVR 模型的 94%。此外，WTWTSVR 模型可达到 90% 的双命中率，高于 KNNWTSVR 模型的 88%。因此，所提出的无冷却剂的动态预测模型同样优于 KNNWTSVR 模型。

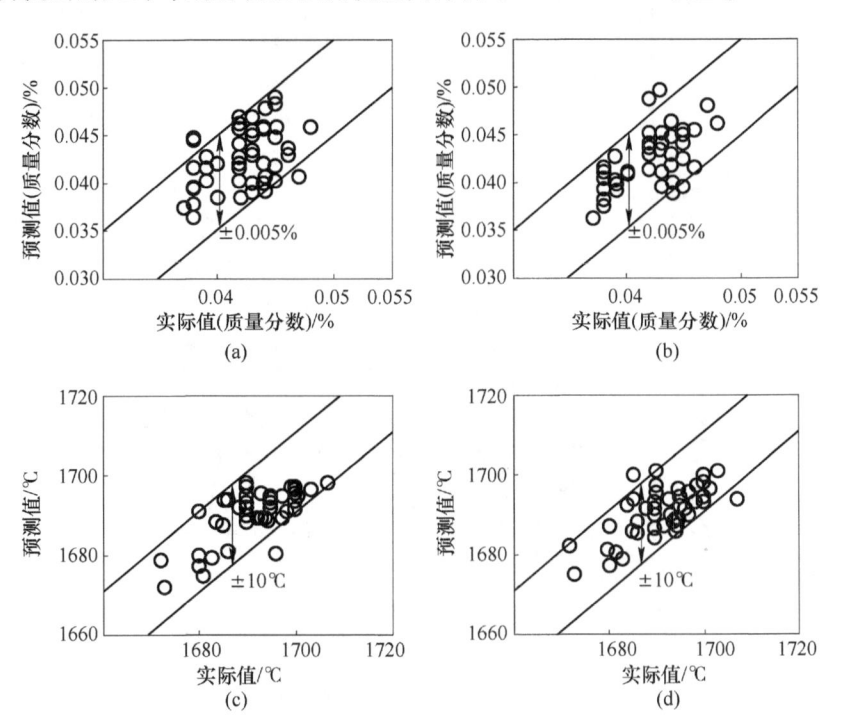

图 6.9 两种无冷却剂的预测模型的终点碳含量和温度预测误差对比

(a) WTWTSVR，终点碳含量；(b) KNNWTSVR，终点碳含量；
(c) WTWTSVR，终点温度；(d) KNNWTSVR，终点温度

6.5.2.2 预设定模型和参数调整单元的仿真验证

在上述预测模型的基础上，利用表 6.6 中的相关参数，根据建步骤，可以建立补吹氧气量预设定模型。预设定模型的预测效果见表 6.8。预设定模型的输出是补吹氧气量。将预设定模型计算出的吹氧量代入碳温预测模型中，得到了 84% 的碳温单命中率，双命中率仅为 72%。经过吹氧量调整单元的优化后，氧气量调整后的模型效果见表 6.8。

表 6.8 调整前后的动态控制模型的效果对比

模 型	RMSE/m³	MAE/m³	CHR/%	THR/%	双命中率/%
预设定模型	74.0876	82.7650	84	84	72
吹氧量和冷却剂调整	60.3758	68.7600	96	96	92

从结果可以看出，所有指标均得到了大幅度的提高，调整后的吹氧量的误差约为 68m³，优于预设定模型的 82m³。调整前后的碳含量和温度预测效果对比如图 6.10 所示。结果表明，调整后的跟踪性能与实际值具有较好的拟合度。

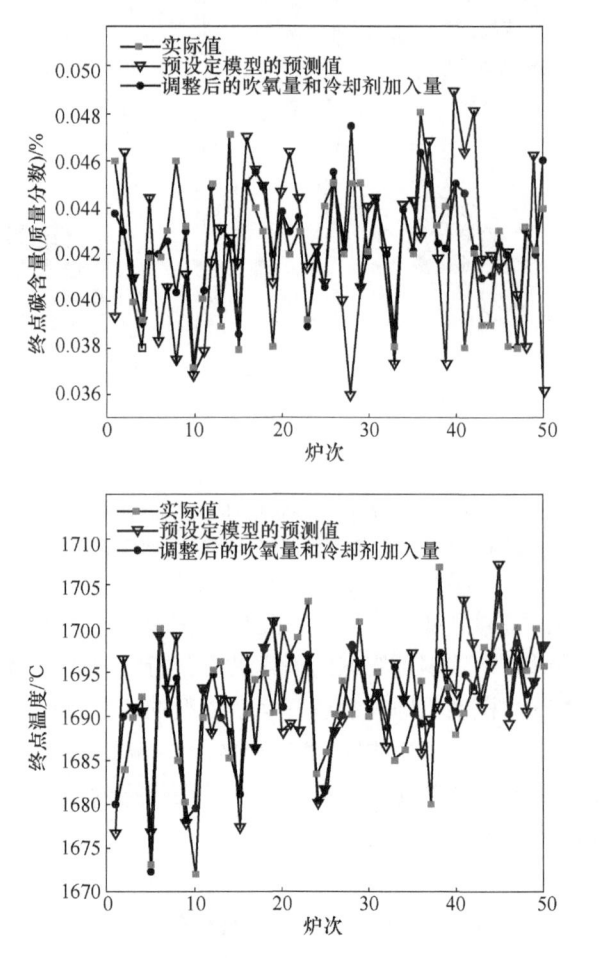

图 6.10 调整前后的终点碳含量和温度的预测效果对比

调整前后的终点碳含量和温度的预测误差对比如图 6.11 所示，碳温命中率在调整后，均从 84% 提高到 96%。通过计算，双命中率达到 92%。因此，上述结果验证了所提出的无冷却剂的转炉终点控制方法的有效性和可行性。基于以上分析，可以得出结论，所提出的无冷却剂的动态控制模型也取得了良好的控制效果，符合实际现场的要求。

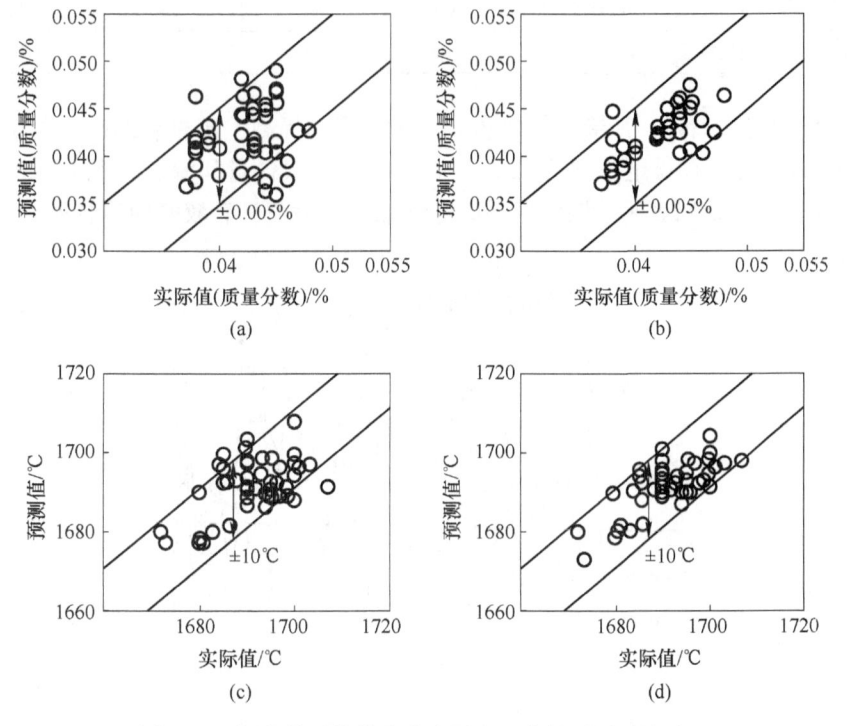

图 6.11 调整前后的终点碳含量和温度的预测误差对比
(a) (c) 预设定模型的预测值；(b) (d) 调整后的吹氧量和冷却剂加入量

对于其他钢种，可通过如下步骤进行建模：首先，对该钢种的历史炉次的样本进行预处理，并对影响该钢种终点的因素进行分析，得到模型的输入变量，模型的输出变量与本章的模型相同。然后，确定模型的相关指标，不同钢种的终点信息的误差容限不同。最后，根据本章给出的建模步骤，分别建立碳温预测模型、预设定模型和参数调整单元。在得到满足模型指标的最优参数后，即完成特定钢种的动态控制模型的数学建模。

6.6 本章小结

本章提出了一种基于无约束小波权重 TSVR 算法的转炉炼钢动态控制模型。将目标函数转换成无约束条件的优化问题求解，提高了算法的运算效率。实验结果表明，所提出的碳温预测模型优于 KNNWTSVR 模型。有冷却剂的终点碳温预测模型的双命中率达到 90%，调整后的吹氧量（标态）的误差约为 48m³，冷却剂加入量的正确率达到88%；无冷却剂的终点碳温预测模型的双命中率同样达到90%，调整后的吹氧量的误差约为68m³。因此，所提出的动态控制模型可为后续实现转炉炼钢的自动控制提供重要的参考依据。

参 考 文 献

[1] 石艳，黄亚纯，曾维友，等．转炉炼钢动态控制模型研究与工程应用 [J]．矿冶工程，2014，34（4）：87-91.

[2] 曲丽萍，曲永印，柳成．转炉炼钢智能控制系统 [J]．北华大学学报（自然科学版），2006（5）：474-476.

[3] 胡燕，何腊梅．数据挖掘技术在转炉终点控制中的应用 [J]．钢铁技术，2010（5）：7-9.

[4] 张华，陈凤银，王艳红．基于辅料资源运行特性的炼钢终点优化控制 [J]．钢铁研究学报，2013，25（1）：5-8，42.

[5] Rout B K, Brooks G, Rhamdhani M A, et al. Dynamic model of basic oxygen steelmaking process based on multizone reaction kinetics: modeling of decarburization [J]. Metallurgical & Materials Transactions B, 2018, 49（2）：1-12.

[6] Tao J, Chai T, Li X, et al. Intelligent control method and application for BOF steelmaking process [J]. Control Theory & Applications, 2001, 35（1）：439-444.

[7] Han M, Zhao Y. Dynamic control model of BOF steelmaking process based on ANFIS and robust relevance vector machine [J]. Expert Systems with Applications, 2011, 38（12）：14786-14798.

[8] Wang Z, Xie F, Wang B, et al. The control and prediction of end-point phosphorus content during BOF steelmaking process [J]. Steel Research International, 2014, 85（4）：599-606.

[9] 王心哲．SVM 和 CBR 的建模研究及其在转炉炼钢过程的应用 [D]．大连：大连理工大学，2012.

[10] Shao Y H, Zhang C H, Yang Z M, et al. An ε-twin support vector machine for regression [J]. Neural Computing & Applications, 2013, 23（1）：175-185.

[11] 黄华娟．孪生支持向量机关键问题的研究 [D]．徐州：中国矿业大学（徐州），2014.

[12] Peng X. TSVR: An efficient twin support vector machine for regression [J]. Neural Networks, 2010, 23（3）：365-372.

[13] Rastogi R, Anand P, Chandra S. A v-twin support vector machine based regression with automatic accuracy control [J]. Applied Intelligence, 2016, 46（3）：1-14.

[14] Xu Y T, Li X, Pan X, et al. Asymmetric v-twin support vector regression [J]. Neural Computing & Applications, 2017（2）：1-16.

7　总结及展望

7.1　总　　结

转炉炼钢的过程控制是一个复杂的系统工程,其中涉及冶金工艺、基础自动化技术和生产管理等诸多方面。转炉炼钢的建模与优化是整个过程的核心模块,模型的好坏直接影响生产成本、能源消耗、产品质量和生产效率。随着计算机应用技术和人工智能的发展,建立稳定、可靠、实时的转炉炼钢的预测和控制模型,已成为提高转炉炼钢生产自动化水平的主要手段。本书研究了基于人工智能建模和优化技术的转炉炼钢预测和控制模型,主要包括转炉炼钢的静态预测模型、静态控制模型、动态预测模型和动态控制模型。主要得到以下结论:

(1) 基于小波权重的孪生支持向量机建立的转炉炼钢静态预测模型,能够对无副枪转炉的终点碳含量和终点温度作出较为准确的预测。根据转炉的历史炉次信息,以铁水初始信息和吹炼过程信息为基础,以转炉终点碳含量和温度为目标,建立的预测模型预测结果达到了实际转炉生产的要求。通过对传统的孪生支持向量机算法的改进,结合了小波变换的思想,对孪生支持向量机的目标函数中的各个预测误差和松弛变量赋予不同的权重。仿真结果表明,所提出的碳含量模型和温度模型的终点命中率可达 90%和 94%,双命中率达到 84%,该模型能够有效地提高建模算法的运算性能,建立的转炉炼钢终点静态预测模型能够指导转炉的实际生产。

(2) 针对转炉吹氧量和原材料加入量的控制问题,所提出的基于小波权重支持向量机的转炉炼钢终点静态分量和总量控制模型能够计算出每个炉次所需的总吹氧量和原材料加入量。静态分量控制模型以静态预测模型为基础,结合吹氧量和原材料加入量的优化模型,利用历史炉次信息进行了建模,很好地实现了对转炉终点碳含量和终点温度的控制效果,总吹氧量的优化误差约为 $400m^3$、废钢加入量的优化误差约为 6t、轻烧白云石加入量的优化误差约为 0.7t、石灰加入量的优化误差约为 1.2t;静态总量控制模型通过直接预测方式确定总吹氧量和原材料总加入量,总吹氧量计算误差与分量控制模型的结果接近,原材料总加入量的计算误差约为 2.5t,优于分量控制模型。仿真实验结果验证了所提出的两种控制模型的可行性和有效性,对实际生产具有一定的指导意义。

(3) 针对基于副枪技术的转炉炼钢终点预测问题,所提出的基于 K 最近邻权重孪生支持向量机的转炉炼钢终点动态组合预测模型，模型考虑转炉中的定量因素和非定量因素对转炉终点信息的影响，解决了副枪测量后的转炉终点碳含量和终点温度的预测问题。建模过程中采用鲸群算法求解孪生支持向量机的目标函数，并结合莱维飞行和惯性权重的思想，有效地解决了传统鲸群算法存在的收敛速度和搜索能力不足等问题。有冷却剂的组合预测模型的碳温双命中率达到80%；无冷却剂的组合预测模型的碳温双命中率可达88%。仿真结果表明，改进的鲸群算法能够提高转炉的模型性能，所提出的转炉炼钢动态组合预测模型能实现对钢水碳含量和温度的终点预测，能够达到建立基于副枪技术的转炉炼钢动态控制模型的要求。

（4）针对副枪测量后的吹氧量和冷却剂加入量的问题，所提出的基于无约束小波权重孪生支持向量机的转炉炼钢终点动态控制模型能够实现对吹炼后期钢水碳含量和温度的终点控制。在小波权重孪生支持向量机的基础上，将目标函数转换成无约束条件的优化问题，利用光滑函数逼近损失函数，然后采用牛顿法在原始空间进行求解，能够有效地提高回归算法的运算效率。有冷却剂的终点碳温预测模型的双命中率达到90%，调整后的吹氧量的误差约为48m³，冷却剂加入量的正确率达到88%；无冷却剂的终点碳温预测模型的双命中率同样达到90%，调整后的吹氧量的误差约为68m³。从实验结果可以看出，建立的转炉炼钢终点动态控制模型能够满足实际现场的需要，模型中的吹氧量和冷却剂加入量调整模块能对补吹氧量和冷却剂加入量进行调整，提高了转炉的终点命中率。

7.2　展　　望

从本书的研究内容和角度出发，对今后的工作做如下展望：

（1）对于基于副枪测量的转炉炼钢终点控制系统，不能实时获取熔池信息，尽管动态控制模型满实际转炉的要求，但如果想进一步提高终点命中率，可考虑采用副枪测量结合炉气分析的方式，利用副枪数据建立吹氧量和冷却剂加入量的计算模型，给出转炉补吹阶段的初始条件，并结合炉气数据建立的动态控制模型对补吹氧气量和冷却剂加入量进行实时控制，进一步提高终点命中率。

（2）鲸群优化方法在转炉炼钢模型的拓展应用。作为一种新的启发式优化算法，与现有的优化方法相比，鲸群优化方法的算法程序量更小、收敛速度更快。因此，可进一步将其应用到转炉模型的自动参数选择，对转炉模型参数进行在线优化，可实现转炉炼钢的自动控制。

（3）孪生支持向量机方法的深入应用。作为一个近些年的一个研究热点，孪生支持向量机无论在性能上或速度上都有了非常大的提升，在诸多领域已取得很多成功应用。因此，本书提出的建模方法，既可用于建立其他炉型和钢种的终点控制模型，也可用于高炉炼铁、连铸等冶金领域的数学建模。

附录 A 基准函数表

附表 A.1 单峰基准函数表

函 数	V_No.	范 围	f_{min}
$F_1(x) = \sum_{i=1}^{n} x_i^2$	30	$[-100, 100]$	0
$F_2(x) = \sum_{i=1}^{n} \lvert x_i \rvert + \prod_{i=1}^{n} \lvert x_i \rvert$	30	$[-10, 10]$	0
$F_3(x) = \sum_{i=1}^{n} \left(\sum_{j-1}^{i} x_j \right)^2$	30	$[-100, 100]$	0
$F_4(x) = \max\{ \lvert x_i \rvert, 1 \leqslant i \leqslant n \}$	30	$[-100, 100]$	0
$F_5(x) = \sum_{i=1}^{n-1} \left[100(x_{i+1} - x_i^2)^2 + (x_i - 1)^2 \right]$	30	$[-30, 30]$	0
$F_6(x) = \sum_{i=1}^{n} \left[(x_i + 0.5) \right]^2$	30	$[-100, 100]$	0
$F_7(x) = \sum_{i=1}^{n} i x_i^4 + \mathrm{rand}[0, 1]$	30	$[-1.28, 1.28]$	0

附表 A.2 多峰基准函数表

函 数	V_No.	范 围	f_{min}
$F_8(x) = \sum_{i=1}^{n} -x_i \sin(\sqrt{\lvert x_i \rvert})$	30	$[-500, 500]$	$-418.9829n$
$F_9(x) = \sum_{i=1}^{n} \left[x_i^2 - 10\cos(2\pi x_i + 10) \right]$	30	$[-5.12, 5.12]$	0
$F_{10}(x) = -20\exp\left(-0.2\sqrt{\dfrac{1}{n}\sum_{i=1}^{n} x_i^2} \right) - \exp\left[\sum_{i=1}^{n} \cos(2\pi x_i) \right] + 20 + e$	30	$[-32, 32]$	0
$F_{11}(x) = \dfrac{1}{4000} \sum_{i=1}^{n} x_i^2 - \prod_{i=1}^{n} \cos\left(\dfrac{x_i}{\sqrt{i}} \right) + 1$	30	$[-600, 600]$	0

附表 A.3 固定维数的多峰基准函数表

函 数	V_No.	范 围	$f_{\min}$
$F_{12}(x) = \left(\dfrac{1}{500} + \sum_{j=1}^{25} \dfrac{1}{j + \sum_{i=1}^{2}(x_i - a_{ij})^6} \right)^{-1}$	2	$[-65, 65]$	1
$F_{13}(x) = \sum_{i=1}^{11} \left[a_i - \dfrac{x_1(b_i^2 + b_i x_2)}{b_i^2 + b_i x_3 + x_4} \right]^2$	4	$[-5, 5]$	0.00030
$F_{14}(x) = 4x_1^2 - 2.1x_1^4 + \dfrac{1}{3}x_1^6 + x_1 x_2 - 4x_2^2 + 4x_2^4$	2	$[-5, 5]$	-1.0316
$F_{15}(x) = \left(x_2 - \dfrac{5.1}{4\pi^2}x_1^2 + \dfrac{5}{\pi}x_1 - 6 \right)^2 + 10\left(1 - \dfrac{1}{8\pi} \right)\cos x_1 + 10$	2	$[-5, 5]$	0.398
$F_{16}(x) = [1 + (x_1 + x_2 + 1)^2(19 - 14x_1 + 3x_1^2 - 14x_2 + 6x_1 x_2 + 3x_2^2)] \times$ $[30 + (2x_1 - 3x_2)^2(18 - 32x_1 + 12x_1^2 + 48x_2 - 36x_1 x_2 + 27x_2^2)]$	2	$[-2, 2]$	3

附录 B LWOA 和 WOA 算法的收敛速度比较图

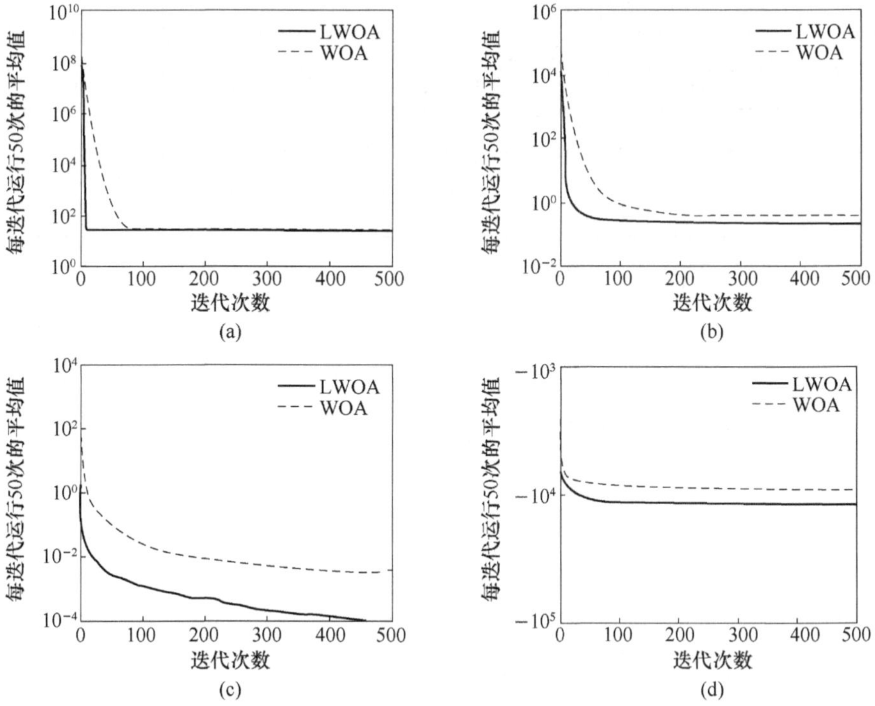

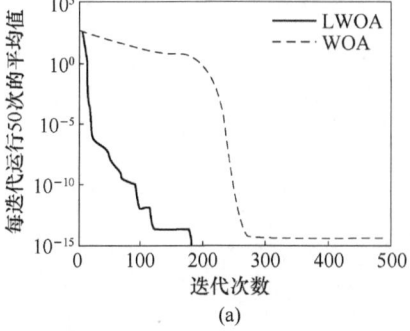

附图 B.1 LWOA 和 WOA 在 $F_5 \sim F_8$ 函数上的收敛速度对比

(a) F_5; (b) F_6; (c) F_7; (d) F_8

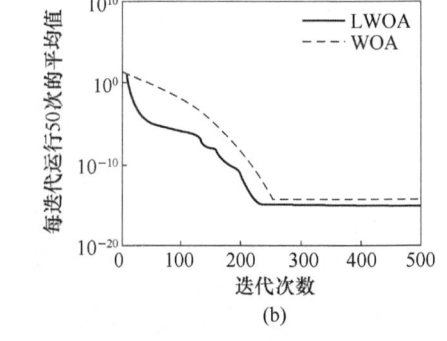

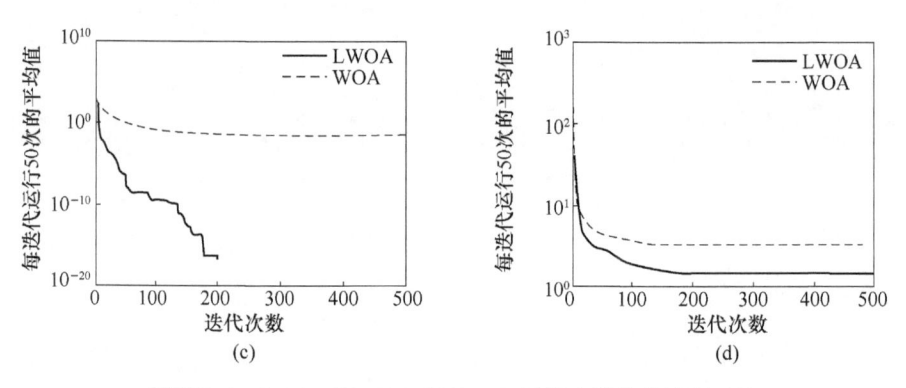

附图 B.2　LWOA 和 WOA 在 $F_9 \sim F_{12}$ 函数上的收敛速度对比

（a）F_9；（b）F_{10}；（c）F_{11}；（d）F_{12}

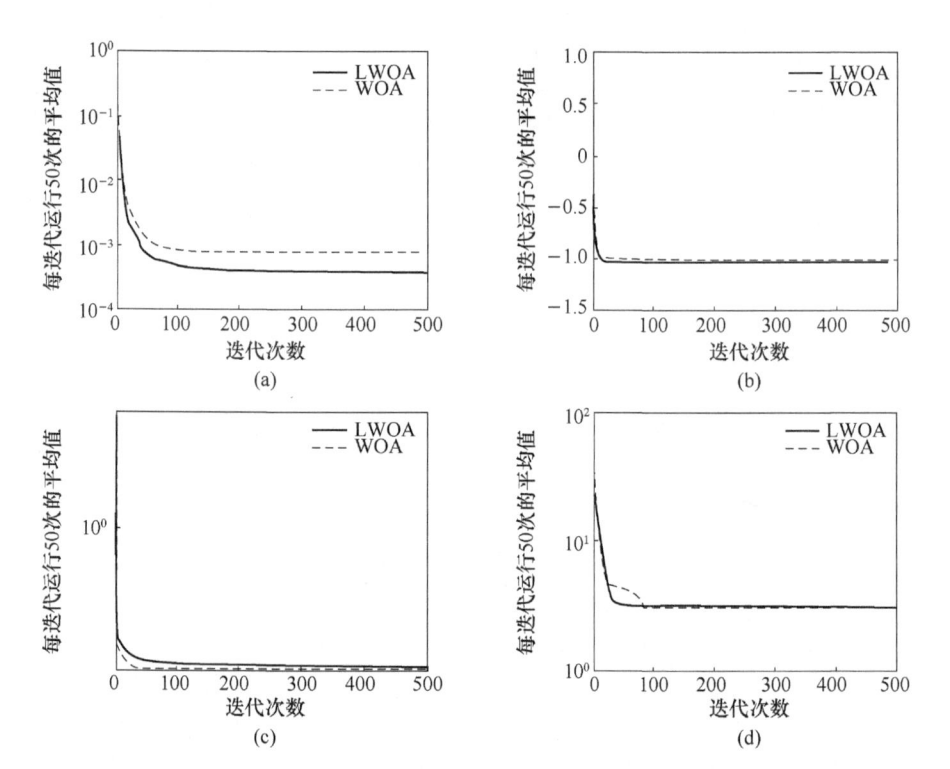

附图 B.3　LWOA 和 WOA 在 $F_{13} \sim F_{16}$ 函数上的收敛速度对比

（a）F_{13}；（b）F_{14}；（c）F_{15}；（d）F_{16}